Carnegie's Advice For Women

都市女性的魅力修炼法则

做内心强大的女人 ❷

王 鹏 ◎ 著

古吴轩出版社

图书在版编目（CIP）数据

做内心强大的女人2/王鹏著.—苏州：古吴轩出版社，2013.12（2018.5重印）

ISBN 978-7-5546-0158-7

I.①做… II.①王… III.①女性—成功心理—通俗读物 IV.①B848.4-49

中国版本图书馆CIP数据核字（2013）第242068号

责任编辑：王　琦
见习编辑：陆九渊
策　　划：葛忠雷
装帧设计：沈加坤

书　　名	做内心强大的女人2
著　　者	王　鹏
出版发行	古吴轩出版社
	地址：苏州市十梓街458号　　邮编：215006
	Http：//www.guwuxuancbs.com　　E-mail：gwxcbs@126.com
	电话：0512-65233679　　传真：0512-65220750
出 版 人	钱经纬
经　　销	新华书店
印　　刷	北京盛彩捷印刷有限公司
开　　本	640×960　1/16
印　　张	16
版　　次	2013年12月第1版
印　　次	2018年5月第3次印刷
书　　号	ISBN 978-7-5546-0158-7
定　　价	29.90元

如发现印装质量问题，影响阅读，请与印刷厂联系调换。010-88856211

前言 preface

　　生活是女人心中的一首诗，有人用心保管着它，有人任凭岁月的冲刷。到最后，懂它爱它的女人，拥有的是一份经久不衰的美好；任它在风雨中摇曳的女人，得到的不过是一张空空如也的白纸。

　　这一辈子，女人要历经的事太多，要牵挂的人太多，要付出的太多，要承受的也太多。不是每段路，都会有人对你形影不离，总有些旅程，要一个人默默行走；不是每份感情，都会有人珍惜，那些付出之后换来伤痛的人，不只是你。活在世上，女人不能总指望他人的理解和珍爱，而是要冷暖自知，懂得自爱。

　　上天赋予你做女人的权利，你就要牢牢地抓住，活出一份精致而不俗的美。在别人炫耀名表、名牌时装的时候，你要知道精神的富足比那些更有价值的是你自己。在成长的岁月里，要用内在的美来充实自己，保持一颗理智沉稳的心，打造一份优雅明媚的气质，就算被岁月带走了青春，也要留给世间一个优雅而难以磨灭的背影。

　　青春苦短，韶华易逝。在有限的生命里，给自己无限的宠爱。累了就休息，不必勉强自己；委屈了就哭泣，哭完之后拍拍自己的脸，挤出一个微笑；想要什么不必等待谁来送，自己买给自己也是一种乐趣。要学会享受孤独的时光，也要保持身心一直在路上。生命里没有什么比快乐更重要，而那份天长地久的幸福，也唯有自己才给得起。

生活里不全是晴天，总有些阴霾躲不过去，总有些不美好的事情需要面对。女人要冷暖自知，但更要好自为之。你要知道，遭遇风雨的时候，你若不勇敢，没有人会替你坚强；你要知道，逝去的爱无法挽回，用不着拿一辈子的幸福做赌注；你还要知道，该强大的时候，不要躲在沙子里做一只鸵鸟。

对于爱情，遇到了就好好珍惜，错过了便再无交集。不要让自己的心变得太势利，忘记了爱情的真谛。就算结婚了，也要给自己留一份余地，那是属于自己的生活圈子，是当所有人都离开你的时候，你依然可以活下去的寄托。

这是一本写给女人的暖心之作，也是一本写给女人的生活箴言。在繁杂浮躁的时代里，希望所有女子都可以美好地活着，学会爱自己，不要怨恨自己，学会柔软、温和地关怀自己，原谅自己。同时，也希望所有女子，能在浮躁中学会超脱，活出一份理智，一份淡定，一份安然，一份幸福。

目录 contents

Chapter 1
优雅地盛开，活出一份极致的美

娇美的容颜，时尚的装扮，曼妙的身姿，这些美丽最终都会在岁月的流淌中被冲刷得所剩无几。真正极致的美，是一种优雅绝伦的气质，一种从容淡定的姿态，任凭时光流转，生命沉浮，魅力永不褪色。

一流的化妆，是生命的化妆/003
可以不美丽，但一定要美好/006
无论何时何境，保持灵魂的高贵/010
有品位的女子，总是韵味悠长/013
留一份穿透岁月风尘的优雅/017
此生，做一个温暖明媚的女子/020
只需沉静微笑，足以令人停下脚步/023
不炫耀，不吵闹，安安静静就好/026
活出一份精致，是女人的尊严/029

Chapter 2
心智要成熟，心灵却不可以世故

走过懵懂的年纪，女人就要在成长的同时不断地成熟。成熟不等于世故，不等于冷漠，在修炼心智的时候，也要修性。不媚俗，不盲从，不自私，不刻薄，不为金钱所累，保持清澈的底色，守住内心的坚持。

不要被一时的感动冲昏了头/035
婚姻不是一件可以随便的事/038
收敛一下直来直去的性子/041
不要轻易瞧不起任何人/044
对不喜欢的人示以微笑/048
成熟女人，知世故而不世故/052

001

成全别人的同时，也是成全自己/055
金钱与物质不是生活的全部/058

Chapter 3
享受悠悠的时光，给自己最深的宠爱

人生苦短，刹那芳华尽。在悠悠的时光里，女人要学会爱自己。爱自己，就要活得美丽，不为取悦谁，只为取悦自己；爱自己，喜欢的东西不指望别人送，自己买的更懂得珍惜。

一辈子不长，别过得太苦了/063
你若不爱自己，谁还会爱你/066
好女人为己而悦，为己而容/069
享受生活，从现在开始/072
静静地享受一个人的孤独时光/075
真喜欢一件东西，自己买给自己/078
身体与灵魂，总有一个要在路上/081
把心情注入音乐，那是天使的语言/084
一杯咖啡的时间，一份慵懒的幸福/087
用爱塑造生命，用爱滋养心灵/090

Chapter 4
绽放生命之花，拥有活跃的能力

女人如同一朵花，活着，就要让自己的美丽骄傲地盛开，而不是皱着眉头加速衰败和凋零。快乐是女人的权利，也是女人要拥有的能力。活出自己的价值，从青丝到白发，让生命的每一刻都惊艳如初。

只要你爱，生命之花永远傲然盛开/095
你的笑是一缕阳光，温暖了整个世界/098
每一种人生都不完美，要学会悦纳/101
没有快乐的女人，生命里没有阳光/104
天长地久的幸福，唯有自己给得起/107
没有你的允许，谁都无法使你自卑/110
成长正能量，遇见最美好的自己/113

容颜可以老去，心要永远年轻/116

感知生命里那些微小的幸福/119

Chapter 5
笑对世事纷扰，做内心强大的女人

一缕阳光从天空射下，总有无法照到的地方，那便是生活的阴暗面。女人若把眼睛盯在阴暗处，得到的也只有阴暗和恐惧；若是抬起头望向天空，便能扫却所有的阴霾。不乱于心，不困于情，不畏将来，不念过往，真正强大的不是外表，而是女人的内心。

哪怕输掉了所有，也不要输掉微笑/125

向生命里的荆棘说一声谢谢/128

他走了，带不走你的天堂/132

你若不勇敢，没人会替你坚强/135

时光不能倒流，就让一切随风/138

做一朵蒲公英，永远懂得随遇而安/141

人生犹如一场戏，太认真你就输了/144

耐得住寂寞，不因诱惑而迷失自己/147

告别卑微懦弱，你虽温柔但要有力量/150

Chapter 6
幸运不是幸福，别让爱情输给了岁月

能在茫茫人海中，遇见心灵的伴侣，是人生的一大幸事。遇到了那个人，不要轻易错过。即便拥有了，也要懂得珍惜。轰轰烈烈的爱情不过是开始，能够经得起平淡的流年才是幸福。女人要学会的是，别让爱情输给了岁月。

你若不珍惜，没有人会在原地等你/155

别让你的爱情卑微地低到尘埃里/158

嫁给王子不是幸福，婚姻靠的是经营/162

种一株开花的木棉在你的心房/166

无论贫穷富有，手牵手一起走过/170

如果还有爱，就不要彼此伤害/174

留一点儿空白，像不爱那样去爱/178

平淡岁月里默然相爱，寂静欢喜/182
爱是你我，风雨中不变的承诺/186
别让美好的爱变成沉重的负担/189

Chapter 7
人生不为谁止步，保留自己的生活圈子

许多女人把婚姻和家庭当成了生命的所有，甘愿放弃一切做他背后的女人。可惜，当女人的生活为婚姻而止步时，真正的生活也悄然离你而去了。生活该是绚烂的万花筒，女人这一生，要有爱情、有友情、有事业、有爱好，多姿多彩，才能称得上精彩。

闺密：她是世上的另一个你/195
女人一辈子都要有书相伴/199
嫁与不嫁，一样自食其力/202
永远要跟有思想的人做朋友/206
有梦想，每个女人都了不起/210
不断学习，不断为自己加油/213
给自己的爱好留一片天空/217
热爱艺术，做生活中的舞者/221

Chapter 8
跳出别人的视线，幸福的定义只关乎自己

生活如人饮水，终究是自己的一种感受。你若喜欢，就努力追寻；你若开心，就别管他人的目光。始终记得，你是活给自己看的。不必为了生活讨好谁，不必为了羡慕而成为谁，你就是你，独一无二，做最真实而珍贵的自己，就是最美的女人。

始终记得，你是活给自己看的/227
不要为了生活而去讨好任何人/230
尊重本性，活出真实珍贵的自己/233
不属于你的东西，不值得你哭泣/236
不争不抢，安心过自己的日子/239
别再嫉妒了，春色不只在别人家/242
幸福如人饮水，冷暖自知/245

Chapter 1
优雅地盛开，活出一份极致的美

娇美的容颜,时尚的装扮,曼妙的身姿,这些美丽最终都会在岁月的流淌中被冲刷得所剩无几。真正极致的美,是一种优雅绝伦的气质,一种从容淡定的姿态,任凭时光流转,生命沉浮,魅力永不褪色。

一流的化妆，是生命的化妆

林清玄曾写过一篇文章，名为《生命的化妆》，里面有这样一段话——

"年华已逐渐老去的化妆师露出一个浅浅的微笑，她说：'化妆只是最末的一个枝节，它能改变的事实很少。深一层的化妆是改变体质，让一个人改变生活方式，睡眠充足，注意运动与营养，这样她的皮肤改善，精神充足，比化妆有效得多。再深一层的化妆是改变气质，多读书，多欣赏艺术，多思考，对生活乐观，对生命有信心，心地善良，关怀别人，自爱而有尊严，这样的人就是不化妆也丑不到哪里去。脸上的化妆只是化妆最后的一件小事。我用一句简单的话来说明：三流的化妆是脸上的化妆，二流的化妆是精神的化妆，一流的化妆是生命的化妆。'"

文章末尾，作者作了一番深刻的感悟：这个世界一切的表相都不是独立自存的，一定有它深刻的内在意义；那么，改变表相最好的方法，不是在表相上下功夫，一定要从内在里改革。

多么睿智的化妆师，多么发人深省的道理。倘若世间的每个女子都能读懂它的深意，或许就不会有那么多人急于在表面上下工夫了。尽管女人追求美丽天经地义，这是上天赋予女人的权利，也是女人宠爱自己的独有方式。可若追求美的方式太流于浅俗，没有将美丽真正地融入到生命里，那么再艳丽的浓妆，再经久不衰的小黑裙，也抵挡不住岁月的烟云。

女人可以不美丽，不化妆，没有奢华的衣装，但一定得有内涵。

内涵会赋予灵魂以美丽，会使美丽得到质的升华，会让女人美得脱俗。相比浓妆艳抹来说，这份气韵的沉香不会因时光流逝而褪却。

多年来，简·爱在人们心中，始终是一位富有内涵的知性女子。她自尊自爱，追求美好、圣洁、平等，打动了无数人的心。她自幼父母双亡，过着寄人篱下的生活，遭受着与同龄人不一样的待遇——遭舅母的嫌弃，表姐的蔑视，表哥的欺负，保姆的数落。可她的自尊始终都在，无情的生活并未打倒她，反倒磨炼出她的信心和坚强，磨炼出不可战胜的内在力量。

成年后的她，面对罗切斯特，没有因为自己是一位家庭教师而感到自卑，她认为他们在灵魂上是平等的，并且该得到同样的尊重。她的正直、高洁、善良，从未被世俗污染，让罗切斯特为之震撼，将她视为一个可以和自己在精神上平等交流的人，并深深地爱上了她。

可就在他们结婚那天，简·爱知道了罗切斯特已有妻子，她说："我要遵从上帝颁发世人认可的法律，我要坚守住我在清醒时而不是像现在这样疯狂时所接受的原则，我要牢牢守住这个立场。"她离开了罗切斯特，毅然决然。

她不能接受欺骗，不能接受被自己最信任、最亲密的人所欺骗。她承受住了打击，并做了理性的决定。在爱情的包围下，在物质的诱惑下，她依然坚守着内心的圣洁，和个人的尊严。这份精神的魅力，感染了无数人。谁曾想到，一副纤弱的身躯里，竟然蕴藏着如此大的能量，她的内心如此高贵，内涵如此丰富。这样的女人，任时光流转，魅力永不减退。

走出夏洛蒂·勃朗特写的故事，回归真实的生活，我们可以发现，依然有一些内涵丰富的女子，在不同的角落里，用她们特有的方式，绽放着别样的美。

她叫YOYO，一个不甘平静、看起来有些"喜新厌旧"的女子。她总是在不同的领域，做着不同的事情，从不会长久地把自己局限在某个地方。她对许多事物都充满了好奇，努力尝试着，并尽量做好。她似乎是不会老的那种女人，那种清新自然、淡如秋菊的气质，让多少同性为之羡慕。可她却说:"不管美与不美,我都不会作为花瓶存在,我要的是内里。"

这些年,她做翻译,写剧本,拉二胡,学插花。当所有人建议她开一家赚钱的美容院时,她却放下一切去国外做义工,穿越了几个国家。归来之后的她,比从前显得更有气质,言谈间更是多了一份温和。与几位漂亮的闺密相聚在一起时,她永远是最富有韵味的那一个,尽管她没有白皙的肤色,没有水汪汪的眼睛。

在这个极尽声色的时代里,女人也许真的该沉淀下内心,不要落入表面的陷阱,以为靠着浅薄的打扮、精心设计的形象、伪装的亲和力、自我吹嘘的权威身份,就可以无往不胜。真正的魅力,从来都不是一眼能够看穿的,它来自深沉之处,来自内里的灿烂。那是历经尝试、思考、百折不回的历练之后,沉淀出来的味道,犹如一杯清香的茉莉花茶,意味深远,回味无穷。

一位法国心理学家说:"过去的女人没有现在的社会地位,所以她们用性感作为对抗男人的武器,被动地等待男人上钩。但现代版的女人比以前的女人更积极。她们懂得用头脑来营造让人无法抗拒的氛围,更主动地对男人进攻,夺取自己的目标。"

有内涵的女子,美丽之余,要有智慧。这就如同一块糖,你若只懂得包装,充其量不过是一张糖纸,真正的味道、真正的价值、真正吸引人的,却是糖的味道。

所以,眼睛不要只盯着穿衣打扮和逛街泡吧,那样的生活是空虚的,那样的人生底蕴是单薄的。你可以没有天生的优势,但你要相信后天的改造。不管此刻的你在哪儿,过着怎样的生活,只要你愿意从内至外的改变,认真努力地去把握人生,丰富内涵,那么行走在喧嚣的红尘中,你就可以满袖生香,步履从容。

可以不美丽，但一定要美好

如果说，不美丽是女人无法容忍的事，那么没修养就是男人无法接受的事。外在的美永远是静态的、短暂的、肤浅的，就像深夜的天空中一划而过的流星，瞬间即逝，无法恒存。正因如此，才子纳兰性德才会咏叹那一句"人生若只如初见"。

岁月会给每一张娇美的容颜留下印痕，可是那些懂得从岁月中汲取养分、沉淀内心的女子，却能够在逝去的日子里收获一份修养，让生命弥漫着持久的芳香。有修养的女人，就像是一首朦胧而精美的诗，给人感觉好似读懂了，却又好似更有深意，让人忍不住想要一直读下去。

在某婚恋网站上，男士结识了两位女子。一段时间的网络交流后，男士觉得这两位女子都不错，决定见面聊一聊，真正地认识一下，选定其中一位作为生活中的伴侣。其实，见面之前，男士的心已倾向于A女，因为从照片上看，A女青春阳光，宛若邻家女孩，更符合他心目中的择偶标准。

按照约定的时间，他到了事先跟A女约定好的咖啡馆。只是，一个小时过后，A女还没有出现，甚至连一个电话也没有打来。他苦苦等待，焦急万分，心里也有些懊恼。又过了半小时后，打扮入时的A女姗姗来迟，可她却没有解释自己为何迟到，也没有说一句道歉的话。男士的心，顿时凉了半截，可他不忍就这样断定A女不适合自己。然而，在接下来的交谈中，A女彻底颠覆了他内心的那一份好感与期待。

A女坦白说，自己不会做任何家务，也不想做；提及对婚姻的设想，说得最多的是房子、婚礼和蜜月，丝毫未考虑男士的父母及家境。更让他难以接受的是，A女的谈吐粗鲁无礼，服务员不经意间的碰触，都惹得她一番难听的指责与抱怨。事实上，A女对婚姻所提的那些条件，男士完全可以做到，但他做不到的是，与一位粗俗的女子朝夕相伴一辈子。

　　几天后，男士与B女见面约谈，地点依然是这间咖啡馆。这一次，他的心情平和了许多，或许是从一开始对B女的印象就是淡淡的，或许是因为上一次A女的表现让他有些失望。可令他惊讶的是，那位穿着白色棉布上衣、淡蓝色布裙的女子走到他的面前时，他居然没有认出来，网站照片中那个看似相貌平平的女子，在生活中竟是如此的清新脱俗。

　　是的，她的五官长得不是很美，可她周身散发出的气息，却不是A女的容貌可以相比的。B女不仅大方有礼，而且颇有学识，对很多问题都有自己独到的见解。简单而短暂的交谈，就让男士有一种身在童话般的惬意感。他突然想起一句话：最好的爱情，是和对方在一起感觉很舒服。

　　走出咖啡馆时，男士扫了一眼街上那些打扮得漂亮时尚的女子，却发现很少有谁像B女那样美好。对，不是美丽，是美好。

　　美丽的女人，少了内在的修养，就如同一只空洞而廉价的花瓶。远远观望，姣好的模样也许能够吸引众人的眼球，可走近之后却再也无法掩饰它的真相——不够精致、不够细腻、不够自然、不够美好，这会让原本有心收藏、珍爱它的人无奈放弃。

　　某民政局的大厅里，一位先生执意要跟太太离婚。太太不同意，自己付出多年心血跟随他，每天精心打理小家，陪伴他走过了十几年的风雨路，穷苦的日子跟着他创业打拼，从未做过任何对不起他的事。她实在想不通：为何先生如此绝情？男人并不是人们想象中的大款，也没有所谓的情人，他不过是一位出租车司机，起早贪黑地赚钱。

　　在众人面前，他不顾太太的哭闹，坚持要跟太太离婚，说对方若不同意，就单方起诉到法院。一段经历了十几年坎坷路的婚姻，为何会走到这一步？面对猜疑，先生缓缓地说道："我就像一只气球，吹到了一定程度，就爆炸了。我现在，忍无可忍了。"他说出了执意离婚的理由——不顾自己的脸面，太过小气，斤斤计较；心胸狭窄，动不动就猜疑，彼此间没有信任感；没有一颗善良、充满同情的心。理由一出口，所有人顿时哑然。全都不是什么原则性的大错，可没想到积怨久了，竟然毁掉了一个苦心经营十几年的家，淹没了一个女人十几年的付出。

柴米油盐，零零碎碎，几乎是每个女人都要面对的平淡生活。只是，有些女人在琐碎的生活中活出的是一份精致、一份情调，有些女人活出的却是一份吝啬、一份浅薄。美好的品行，不是恋爱中的刻意表现，它是对生活的固有姿态；良好的修养，不是为了博得谁的好感，而是为了放大自己的生命。

有修养的女人，从不会姑息自己，苛责于人。好莱坞一位著名影星曾说："我的教育者，就是我自己。"她从未停止过对自己的鞭策，尽管她受教育不多，可是一颗自律和自尊的心，却让她把自己塑造成了一位有修养的女性。有修养的女人，善待自己，宽容别人，会真诚地聆听别人的心声，感受他人的喜怒哀乐，尊重每一个人，无论贫穷富有，无论高尚卑微。她们深知，尊重别人就是尊重自己。有修养的女人，不会在公共场合里大声喧哗，高调炫耀，更不会说出尖酸刻薄的话；她们落落大方，举止从不轻浮，永远给人如沐春风的感受。

修养，是一种由内至外所散发出的能量，是一种长久融于一身的生活品味和习惯，一种源自内心的需求和表达。这看似简单的两个字，却足够让女人琢磨一辈子，学习一辈子。

曾经，有一位女子跟随朋友到美国的一个自然公园旅行，而后被美国人热爱露营的激情感染了，她也简单地收拾了一下车厢，加入到美国人露营的队伍。那是一片原始森林中整理出来的一块空旷的地方，一百多辆车，一百多个露营的家庭与伙伴，晚上大家支起篝火，享受着热情与美好。人们听着音乐，烤着肉，喝着酒……第二天，当她醒来时，所有的车辆已经悄然离开了这里。她惊奇地发现，这里完全没有一百多辆车、几百口人宿夜的痕迹，地上没有任何的废弃物，连一张碎纸、一根吃剩下的骨头都没有，用来清洗的水池里也没有任何残渣，那一刻她被感动了。

任何表面上的美丽都是短暂的，作为女人，不应该只注重外表的东西。但愿，每个女人都能够记住台湾李甲孚教授说的那番话，做一个这样的女子——

"她的造型那么自然端庄，她的身材那么健康修长，她的举止那么动人大方，她说话的声音那么悦耳动听，她的表达能力那么清晰机警，她的智商知识那么充实丰盈。这是我心目中的现代妇女形象，也衷心渴盼妇女们有此修养。"

无论何时何境，保持灵魂的高贵

一间高雅的餐厅里，两个不同的角落，两个不同的女人，两种不同的人生。

东厢的女人出身豪门，Gabrielle Chanel 的裙子，Harry Winston 的戒指，Prada 的包包。她一脚耷拉在沙发下面，一脚放在沙发上，不端的坐姿与她高贵的衣装格格不入。她在给男友打电话，根本忘了自己所在的场合，时而冒出一两句轻浮的话，时而又大爆粗口，惹来餐厅服务员的注目。只是，那些眼神里，没有羡慕，只有鄙夷。

西厢的女人普普通通，清新淡然，穿着一条棉麻阔腿裤，一件宽松的白色T恤，头发自然地散落着。她点了一杯咖啡，对服务生露出一抹浅浅的微笑。她全身上下没有一件名牌，生活向来也是简简单单，只因从前的她切身体会过贫苦的日子，所以她更愿意用钱帮助那些与自己有着相同命运的人。此刻，她正在写信，收信地址是贵州省某一贫困的山区。

庸俗与高贵，浅薄与深邃，就在这一个短短的生活剪影里，被诠释得淋漓尽致。

在虚表浮夸的世界里，要做个漂亮的女人很简单，要学做精明的女人也不难，唯独做一个灵魂圣洁、内心高贵的女人不容易。真正的高贵，不关乎出身，不关乎地位，不关乎名牌，而是内心潜存的精神意念，是灵魂里的自信与高尚，是举止投足间的优雅与从容。

若说漂亮女人是一道风景，那么高贵女人就是万绿丛中一点红。漂亮可以信手拈来，而高贵却要经过时间的锤炼，由外而内的熏陶才能显现出来。她像一坛沉香的酒，看起来清淡如水，细品才知醇厚的芳香。漂亮的女人只能暂时吸引一些人，高贵的女人却可以长久地俘获每个人的心。老天不会把美丽的容貌和锦衣华服赐予每个女人，但女人可以依靠自己培养出高贵的灵魂。

一位女友在咖啡厅里，讲起一则充满温情却又略带哲思的感人故事——

说起高贵的女人，我第一个想到的人，就是海澜。我们第一次见面，是在她先生的别墅里，那里四周都是草地，远处就是蔚蓝色的大海。我和海澜坐在二楼的阳台上，晒着太阳，喝着咖啡，聊着人生。聊到一些颇有感触的话题时，海澜竟提出要弹奏一首曲子。我留意到，海澜的手很漂亮，白皙柔软，肤质细若凝脂，左边的无名指上戴着一枚冰雕般的蓝宝石戒指。那时的她，刚刚与一位年轻有为的华裔富商结婚。

海澜衣食无忧，读书、弹琴、煮咖啡、做蛋糕，有情调的东西总能够吸引她。这样舒适的日子，在她看来也并不算特别，她原本也是出身门名，过着华丽富足的生活。她的骨子里，有一种与生俱来的贵气，不做作，不刻意。

可惜，岁月无常，造化弄人，谁也没想到大起大落的字眼会和她的人生联系在一起。几年之后，因决策失误，家里的生意遭遇危机，在外出洽谈时，父母和丈夫又因为意外车祸而离世。一夜之间，繁华落尽，如梦初醒，满是悲凉。那一年，她只有33岁。

海澜和两个孩子相依为命，她用柔弱的肩膀撑起整个家。她做过钢琴老师，做过美食编辑，做过兼职撰稿人，在奔波劳碌的日子里，她没有一句怨声，平静坦然，默默承受着生活的重担，还有那些不时传来的流言蜚语、嘲笑讥讽，以及幸灾乐祸的目光。

每天晚上，她会辅导两个孩子的功课，给他们讲一些有关人生和品性的故事，也会讲到他们的父亲。日往月来，一年又一年，两个孩子已经读大学了。

那天在海澜的家里，我们一起喝下午茶。木质的圆桌被擦得光亮照人，上面放着她亲手做的蛋糕和沙拉。她依然像从前那样，喜欢在蛋糕里放各式各样的东西，核桃、葡萄干、瓜子；水果也切得细细薄薄，整整齐齐，摆出漂亮的团。用叉子吃东西时，她的姿态还是那么轻灵优雅，与当年那个矜持华美的她，毫无差别。

我凝视着海澜的脸，她那么漂亮，长长的睫毛，水汪汪的眼睛。只是，那些沧桑和坎坷，全都落在了她那双纤纤玉手上，它跟着海澜一起完成了人生的蜕变，变得硬实了。

我轻轻地问："这些年，挺难的吧？我听说，有个富人一直追求你，你没动过心？"

她说："他是我丈夫的旧相识，对我确实不错，常常开车过来看我和孩子。特别累的时候，我也想过，可以依靠一下他，帮我分担肩上的担子。可是，我不能那么做，我不爱他……"海澜笑着，温婉宁静，安然自若。她烫着漂亮的发型，穿着一件米色的开衫毛衣，周身散发着一种高贵的气息。

什么是高贵？我想这就是了——干净、优雅、低调、有尊严地活着，不为眼前的利益而放弃原则，不为渴望温暖的贪念而违背真心。富与贵不是对等的，那些灵魂高贵的女人不一定富足，高贵永远无法用金钱买到。

高贵的女人，有一份无欲则刚的平常心，对待得失总能随缘；高贵的女人，有一份从容豁达的心态，对事宽容，对人温和；高贵的女人，不会因为命运的践踏而凋零，她会依靠自己去改变命运，把自己当成一粒种子，慢慢地发芽、开花、结果。

高贵的女人，从不渴望被男人赐予幸福，她们懂得柔弱与攀附只会让生命黯然失色。与此同时，她们也不会给男人背负太多的精神负担，而是用完善自我的方式帮助男人找到一种信心。她们通达善意，珍惜感情，却又不会为爱失去自我。

女人，活着就要美丽着、高贵着。在人生的旅途中，始终保持一颗高贵的心，无论何时，遭遇何事，都要仰起骄傲的头，做一个从容坦荡、快乐由心、优雅淡然的女人。

有品位的女子，总是韵味悠长

作家黄明坚曾经说过："女人是一种指标，如果女人都散发出品位，社会自然成为泱泱大国。"

二十岁那年，她暗暗告诉自己：不能做岁月侵蚀下斑驳的岩层，要做时间才能打磨出的璀璨钻石。也是从那年开始，她的生命里多了一个信念：要做个有品位的女人。

一切，还得从那件仿冒的连衣裙说起。二十岁生日前夕，她路过一家精品店，看上了一件正品的小黑裙，价格不菲。没什么积蓄的她，负担不起昂贵的价格，只好黯然离开。只因内心钟爱，便在网上寻找同款的仿款。几番搜索之后，她终于如愿以偿，穿上了那件理想的小黑裙。

几日后，她与好友们相约到某餐厅吃饭，为自己庆生。餐厅里，恰巧就在隔壁桌，一位女孩也穿着与她同款的小黑裙，她一眼认出来，那件衣服也不是正品。不过，因为款式好看，又是经典黑色，穿起来还算有气质。朋友正说着"她们"的小黑裙时候，只听见隔壁桌传来一个声音："我这件衣服是从网上买的仿货，价格便宜了一半，可是做工粗糙，早知道不如买正品了……"顿时，她的心揪了起来，脸上一阵一阵地发烫。如果能有什么办法藏起来，她决不会再多待一秒钟。

五年过去了，那次生日会上的一幕，始终在她脑海里无法抹去。只是，从那件事之后，她再没买过仿品。纵使手里的钱不多，她宁愿多攒几个月，也要买一件适合自己的精品，哪怕一个夏季只有两条裙子，她也要做个精品女人。衣服不在于多，不在于贵，不在于大牌，但一定要是精品，要能够凸显出自己的品位，而不是胡乱地凑合。就像那件仿冒的小黑裙，洗过一水后，严重掉色、走样，根本无法再穿。更重要的是，如果习惯了选择残次的"仿货"，就算她有一天背上了真的LV，也会被人认为是仿货，因为她早已给人留下没有品位的印象。

庆幸的是，现在的她优雅大气，从不发愁衣橱里没有穿得出去的衣服。几套精品的职业裙，几件经典的休闲装，几件优雅的连衣裙，随意拿出一套穿在身上，都是一种经典、一种时尚。她学会了怎样在有限的条件下最大限度地满足自己的爱美之心，也学会了欣赏美。

当然，品位不是仅仅靠衣装来修饰的，它该是内敛素质，外树形象。只是，当你的气场还没有强大到可以把地摊上的白色T恤穿出大牌的效果，没有自信到把人字拖穿出街拍的范儿时，你需要让自己向名媛看齐，找到适合你的风格，培养出强烈的自信，塑造出带有你独特气息的style。当你具备了这些特质的时候，穿上名贵华丽的服饰，戴上一身金银珠宝，出入大雅之堂，便可以雍容炫目，华而不俗；褪下浮华的外套，换上朴素纯色的白衬衫，依然能穿出大方得体的效果。此时，品位便不再是包装之后的效果，而是由内至外散发出的真实气息。

品位没有定式，没有形状，只能从骨子里淡淡溢出，然后慢慢释放。有品位的女人，永远给人以美的感受，装扮精致优雅，气质弥漫芳香，不能让人一眼看透，却可以慢慢欣赏；有品位的女人，不只是一种性格或一种类型，可以沉静，可以活泼，可以温柔，可以干练，可以清幽，可以妩媚。

有品位的女人，为美丽而存在，她们会把自己作为一件珍贵的艺术品而进行创作。她们不会给自己画上一道夸张的眉，那会显得张狂、笨拙和妖冶。她们喜欢的眉，是掩映在潭水中的一道花木，风雅，灵性，都在那两个再简单不过的"一"字上，略经修剪和补充，符合自己便罢，世间还有什么比简单自然更美？她们不会标新立异、追求奢华，却也不会胡乱将就、流于粗陋，更不会反复强调重返青春的愿望。她们从混乱和盲目中逐渐跳出来，用经验和眼光让自己变得更美，用智慧和修养不断地澄清自我，先做美丽的自己，后延伸到生活。

有品位的女人，不会浪费时间去捕风捉影，人前人后，指指点点，说三道四；不会绞尽脑汁打探是是非非的虚虚实实，更不会搬弄是非、抱怨不休、猜忌苛责。她们有一颗纯善宽容的心，一份不愠不火的脾气，一张虽不能如同天籁却也不会大煞风景的好嘴。赞美人的时候，不唐突、不过火，没有矫揉的奉承与吹捧，字字句句透着真诚，散发着淡淡的甜香；表达反感的时候，不伤人、不过激，婉言相告，尊重别人，也是尊重自己。

如果一个女人从装扮到言辞都很得体，这是否算得上有品位了？不，这还远远不够。

杰克·伦敦曾在一篇小说里写过这样一个故事——

一艘即将启程的游轮上，一群绅士与几个男孩做着游戏。一位绅士将一枚金币抛向海中，便会有男孩紧跟着跳下，谁捞到那枚金币，就归谁所有。其中，一个少年很引人注目，他就像一个发亮的水泡，灵活和矫健的动作让人大为赞叹。

这时，甲板上走来一位美丽的女子，所有的男士都被她吸引，向她大献殷勤，而游戏还在继续进行。海面突然出现了鲨鱼，大家连忙住手，那位女子却伸手向一位绅士要过硬币，忘乎所以地向海中抛去。几乎在同时，那个少年以一个漂亮的弧线向船外跃出，刚跳落到海里就被鲨鱼咬成两段。

人们都吓坏了，纷纷离开，没有谁再理睬那位美丽的女子。那女子脸色惨白，在一位绅士的搀扶下，慢慢地走回房间……

能够吸引众位绅士的注目，博得对方的好感，可以想象得到，那定是一位装扮与言辞都很出彩的女人。可是，她的举止透露出的却是罕见的粗俗与残忍，这与高尚的品味格格不入。相比之下，言辞和装扮就变成了肤浅的表象，因为她少了一颗有品质的心。

世间令人追逐、失态的东西，无外乎名利、美丽与才华，一旦拥有了，便忍不住想要卖弄、放纵、撒娇和张狂。看一个女人是否真的有品位，就要看她在相对优越和非常状态下的表现。那些凭借着家庭背景、丈夫的权势而指手画脚的女人，那些借助金钱、名利地位四处炫耀的女人，那些追逐攀比、显山露水的女人，都是缺少后天的修养，距离高尚的品味相差甚远。有品位的女人当如一本好书，纵然封面装帧不够华美，可是内蕴博大，韵味悠长。

留一份穿透岁月风尘的优雅

岁月是女人的天敌，红颜弹指间老去，刹那芳华。可是，时光抹去的只是美丽如花的容颜。在生命沉浮、花开花谢的洗礼中，那一份穿透岁月风尘的优雅却可以永不褪色。

在很多人的印象中，法国女人就是优雅的代表。在一个散发着浪漫气息的国度里，一些整日精心装扮、悠闲漫步在石阶小径的女人，喝着花神咖啡，聆听法国香颂，哪怕身上并没有太多的法郎，她们也不会吝啬为自己买一枝玫瑰。

法国著名女作家玛格丽特·杜拉斯在她的小说《情人》中这样写道："在一个公共场所的过厅里，一位男子向我走来。他先自我介绍，然后对我说：'我认识您。大家都说您年轻时很漂亮，我是来告诉您，对我而言，我觉得您现在比年轻时更漂亮。'"

这本带有自传性质的小说，让杜拉斯将她身上那种年龄无法隔断的美，展现得淋漓尽致。纵然满脸皱纹、步履蹒跚，却无法掩饰那份动人心魄的魅力。能够优雅地老去，这是多少女人为之一动的心愿，亦是多少女人在褪却身上的青涩后，在尘封的岁月中酝酿出的沉香。

一位女作家旅居巴黎的时候，结识了五十多岁的法国女邻居弗朗西斯科·奥吉尔。这位法国妇人有过一段失败的婚姻，而后又失业下岗。即便如此，她依然身着得体的衣服——宽松的外套，红色的短裙，一顶钟形帽，配以适宜的妆容，随着脑海中的旋律，在街道上迈着华尔兹舞步，不时地朝过往的行人微微一笑。衣服是旧式的，可她举止投足间的那份优雅，却足以令人动容。每次，女作家看到她，都会主动走到马路的另一边，不想打扰她的舞步。

偶然的闲聊之际，弗朗西斯科·奥吉尔对女作家说："紧张快速的生活节奏已经不允许有优雅的生存空间了，为了赶时间很多女人只能在拥挤的公车或地铁上大口大口地啃手里的汉堡而顾不上任何不雅，但是我不会，我宁愿端坐桌前，举止优雅地一小片一小片地撕好手中的面包，再从容地放进嘴里。我的祖母经常告诉我：'永远都不要忽视你自己，在任何一个细微的地方都不容懈怠'。"说这番话时，弗朗西斯科·奥吉尔微笑着，并且做了一个从头部扫到脚趾的动作。

曾有人问过靳羽西，女人的美丽和所谓残酷的时间是什么关系？靳羽西给出的回答是："优雅与年龄无关。漂亮的女人是不可以有皱纹的，但优雅的女人不同，即使有皱纹，她依然美丽，而且是那种内外兼具的美。我对年龄没有特别的感觉。像撒切尔夫人和希拉里·克林顿，她们并不年轻了，但看起来非常美丽。"

女人如花，在阳光满满、郁郁葱葱的时光里，尽情绽放，绚烂之极。可是，不管曾经拥有多么绚丽的青春，待它逝去的时候都不要悲伤。因为，优雅与年龄无关，魅力与年龄无关，从容而优雅地老去，这是一份值得期待的姿态。当然，优雅并不是某类女人的专利，只要愿意，每个女人都可以拥有。

上海一家高档饰品店的女老板，在平淡的日子里抒写着她的精彩生活。年轻时的她很漂亮，风姿绰约，如今她已经45岁，可脸庞上折射出的光辉依然不减当年。她的穿着入时却不夸张，她的发型永远是优雅的盘头，那些美丽的饰品戴在她的头上，无须赘述，美丽与否，一目了然。

提及个人对生活的感悟，这位女老板坦言，她也曾为自己的老去苦恼过，害怕三十岁的到来，厌恶四十岁的坎儿，直到她看到了那句"女人可以优雅地变老"，才恍然大悟。没有了年轻美丽的容颜，为何不让自己优雅一些呢？

从那时开始，她选择适合自己的服装，适合自己的发型，读适合自己的书，听适合自己的音乐，看适合自己的电影。她知道，优雅不是假装，不是做作，是一种由内而外散发出的自然状态。有了充实的内在，才能在举止投足之间流露出来。她慢慢地摸索，慢慢地寻找，最后终于找到了适合自己的方式。她不再畏惧年龄的老去，因为那一份优雅的气质，已经完全把老态遮住了，不仅是客人喜欢她的音容笑貌，就连女儿也会用自豪而略带羡慕的语气说："我希望，以后的我也可以像妈妈那样优雅。"

到底怎样才算得上优雅？是在星巴克里喝着卡布奇诺，还是在酒吧里细细品咂着红酒，或是无意中进入一种淡定的沉思，蓦然间给予一个善意的眼神，回首时展露一脸浅酌的笑容？如果优雅只是某种特殊的情境，某种特殊的动作，那未免太过简单而肤浅了。优雅是一种无以言说的高贵气质，是由骨子里散发出的品质与修养，是举止投足间透露出的曼妙的气息。

优雅的女人，不会靠丰厚的物质与金钱去堆砌美丽，却永远懂得如何装饰自己；优雅的女人，可以没有惊艳的容貌，却永远有着清新淡雅的妆容；优雅的女人，可以没有模特般的形体，却一定会保持匀称的体型；优雅的女人，可以没有优越的家境，却永远都有着咸淡适宜的处世态度。

优雅的女人，就像《花样年华》中的张曼玉，有着一丝妖娆，带着一点含蓄。那身曼妙的旗袍，那轻盈的步调，在巷口留下了修长的身影，令人回味无穷。

优雅的女人，就像洒落在人间的天使奥黛丽·赫本，有着天使般的面孔，优美脱俗的气质，曼妙轻盈的体态，清澈纯净的眼神……让人过目不忘。在一部部精彩的影片中，她每一个优雅的动作，都映在世人眼里，刻在内心深处。奥黛丽·赫本去世时，全世界的人都陷入巨大的悲痛之中，以不同方式来送别这位人间天使。她完整地走完自己的人生路，可那一袭充满爱，充满纯真和自然的优雅身影，却永远在人们的心头挥之不去。

生命是一个过程，每个季节都有独特的美。女人只要懂得自觉地完善自己，拥有一种穿透岁月的优雅，不管在人生的哪个阶段，都可以如花绽放。

此生，做一个温暖明媚的女子

有人说："真正的好女人，能够让人感觉到无微不至的温暖。"

奥黛丽·赫本，被世人称之为"温暖了全世界的电影明星"。在20世纪五六十年代，奥黛丽·赫本的事业达到了鼎盛的高峰，世界各地的影迷把她封为"银幕女神"。可是，人们喜爱这个女人，并不是单纯因为她的容貌和演技，更多的还是她那颗温和纯善的心。

年事渐高之后，奥黛丽·赫本淡出了演艺圈，但她并未淡出人们的视线。1988年，她开始出任联合国儿童基金会亲善大使，她经常举办一些音乐会和募捐慰问活动，还亲自到非洲贫困地区探望贫困儿童，埃塞俄比亚、苏丹、萨尔瓦多、危地马拉、洪都拉斯、委内瑞拉、厄瓜多尔、孟加拉等亚非拉等很多国家都曾留下她的足迹。1992年底，身患重病的奥黛丽·赫本，不远万里赶往索马里去看望因饥饿而面临死亡的儿童。她走到哪里，哪里就有爱戴与欢迎。

时至今日，人们依然怀念这位人间天使。人们爱的，不仅是她惊人的美丽，更是她身上那一份温暖的气息。她的爱心与人格，像她的影片一样明媚，照亮了许多人的心。

奥黛丽·赫本是温暖的女人，"奶茶"刘若英亦是。

就在奥黛丽·赫本离开两年之后，奶茶带着一首《为爱痴狂》走进了很多人的视线。她算不上标致的美女，却也不失美丽；她没有过夸张的表现，却也从不刻板；她是个明星，却又宛若生活中的平凡女孩，大声唱着："想要问问你敢不敢，像我这样为爱痴狂。"作为明星，她站得不高不低，抬头可见，伸手可触。她和许多平凡女子一样，总是笑盈盈的，对人客客气气的。许多人都喜欢这个真实的女子，并亲切地称呼她为"奶茶"。奶茶，多好的名字，在寒冷的日子里，暖了手，暖了心。

移开注视着荧屏的目光，回归到现实的生活，依然有很多向日葵般温暖的女子。

伊阳，一个爱安静、爱笑的女子。从大学毕业开始，她都在利用业余时间做义工。一颗纯善的心，一份执着的坚持，让这个25岁的女子，看起来温和宁静，优雅美好。当对物质的欲望一点点地扭曲了很多人的价值取向时，她的善良更显得弥足珍贵。接触过她的人，无不被她那良好的修养、温暖的气息所感染。就连那些不喜欢同人交流的自闭症少女，也愿意向她敞开心扉。

伊阳认识自闭症少女飞儿的时候，是在一个郁郁葱葱的夏天。那女孩黑亮的头发、黑亮的眼眸，给伊阳留下了深刻的印象。第一次见面，飞儿没有任何表情，伊阳没有过多地问她什么，只是告诉她外面的世界，自己遇到的人，自己开心与不开心的事。这样的交流，持续了四五次。后来，再看到伊阳的时候，飞儿竟愿意用眼睛注视她，尽管没有言语的回应，可伊阳知道她在听，用心听。

飞儿生日那天，是她们相识半年的日子。伊阳和平时一样，跟飞儿聊天，临走的时候，把礼物留给飞儿，让她回到房间再打开。飞儿打开礼物盒，那是一个可以收集阳光的罐子，还夹着一张美丽的贺卡，上面有一段隽秀的笔迹，一段温暖的字句——

"年少的时候，我总幻想把阳光装进罐子，夜晚再拿出来绽放光芒。遇见你的时候，我总希望可以给你最特别的心意，就像那一抹清晨的霞光。我坚信，每个人心里都藏着那个收集阳光的梦想，坚信一定有可以打动梦想的力量。如果你，就是梦想，让我从今天开始，为你将温暖的阳光奉上。"

那一夜，飞儿抱着阳光罐入眠，脸上露出久违的浅笑。再次见面时，飞儿递给伊阳一张字条，上面写道：谢谢你。简单的三个字，伊阳却无比满足。她知道，那颗冰冻的心就像是春日下的雪，在阳光下的照射下，慢慢地融化了。雪融化了，就是春天。

温暖是一种信仰，会让女人周身充满爱的希望，让自己和身边的人更加热爱生活；温暖是一种气场，会让女人变得伟大，给周围的人带去正面的能量。《红与黑》中，于连那么执意地要接近雷纳夫人，正是因为爱上了她身上那一种温暖的感觉。作为三个孩子的母亲，雷纳夫人周身散发着母性的温暖，在那个趋炎附势的社会中，在那个视功名利禄为无限荣耀的现实中，很难找到一片纯真之地，雷纳夫人给人带来的温暖与安稳，实在弥足珍贵，令人动容。

温暖的女人，骨子里有一种亲和力，像送暖的春风，像和煦的阳光，像寒冬腊月里的炉火，像雪中送来的热炭。她们不会因为尊贵的出身、美丽的脸庞而变得冷漠高傲，也不会用美丽课堂上学来的东西作为提升身价的砝码。她们尊重别人，通情达理，宽容随和。

温暖的女人，给人带来平实与亲切的感受。她们没有盛气凌人的姿态，不会因为小事喋喋不休；她们通情达理，和她在一起不会让人感到任何压力，她们就像仲夏里绽放的向日葵，心朝阳光，脸上永远带着淡淡的笑容，走进她身旁，就会被她的温暖所感染。

温暖的女人，不会像娇弱不堪、处处依赖人的弱女子，她们勤劳持家，若给她一个小家，她会把它装扮得温馨整洁，把饭菜做得可口香甜，与邻里相处融洽；就算心中偶尔荡起涟漪，冒出烦恼的泡泡，她也会很快调整好情绪，不给他人带来麻烦与压抑。

温暖的女人，是优雅的女人。这份优雅不源于外表，而是源自内心。世间最名贵的香水，在时间与空间的侵蚀下，也会失去香气，可是温暖的女人从内心深处散发出来的幽香，却经久不衰。

平凡生活中的女子，都不是伟大的人，但却都能够用伟大的爱来做生活中的每件事。做一个向日葵般温暖的女子吧！清淡如水，明媚如花。

只需沉静微笑，足以令人停下脚步

某记者曾问一位女作家："在喧闹的人群中，你会选择用什么方式引人注意？"

女作家的回答简洁却富有深意，她说："我会选择沉静地坐着。"

是的，这世间就是有一种女子，她只是安静地坐在那里，那份与生俱来的圣洁和肃然，就能透出一股难以言表的高贵气息，即使荆钗布裙，粉黛不施，也自有一份端庄，一份优雅。看似无声无息，而流露出的富有穿透力的气息，却足以让人在喧哗中停下来，多看上一眼。

年轻时的她，是部队里的文艺骨干。优美的舞姿，轻盈的体态，飞扬的青春，任她走到哪儿，都是一道别致的风景。和所有的女人一样，她也抵挡不住岁月的脚步。时光荏苒，转眼间，就已走过不惑之年。比起街头巷尾那些穿着短裙扎着马尾的姑娘们，她显得老了，没了妖娆的风姿。可是，她身上散发着一股沁人心脾的美，惹得艳羡的目光却丝毫不减当年。

现在的她，多了一份沉静，一份端庄。她不会穿那些刻意扮年轻的衣服，她知道自己过了天真的年岁，那鲜艳清纯的衣服与一张成熟的脸会让人不忍目睹。可是，她身着高雅大方的素裙，仍然让人眼前一亮。平实的心态，丰厚的内涵，让她有足够的底气驾驭增长的年岁，那份坦然的知性美，那份沉静温婉的姿态，是在岁月的积淀下雕琢出的一块璞玉，温润沁心。

她不会为一点小事扰乱心情，愤怒或咆哮，多年的摔打与磨砺赋予了她一颗平和的心。那些背后的暗箭、伤人的话语，她听到了，也只是置之一笑。阅尽生活的沧桑，心灵自然多了一份宽厚与豁达；品尽人间酸甜苦辣，看遍生命的沉浮，自然不会再为无谓之事烦恼。她守着一颗沉静的心，活出了优雅，诠释了低调的绚烂。

她曾对女儿说过这样一番话："没有人知道你的付出时，别急着去向谁表白；没有人懂你的价值时，别在人前炫耀；没有人理解你的志趣时，别放弃坚持。"在这样一位性情成熟、言行沉稳的母亲的熏陶下，女儿也出落得知性不凡。

其实，她不是在教女儿培养怎样的性格，她是在教会女儿作为女人该有的姿态。这远比告诉她如何搭配衣服、如何画眉施粉要珍贵得多。对女人而言，沉静是一种低调的张扬，是一种自信的活法。尤其是当青春的容颜不再时，沉静就更显得富有内涵，那是一种看清人生之后的从容。

沉静的女人知道，人生的风景不只有青绿，还有金黄；沉静的女人知道，世间繁华如过眼云烟，青春不再无须挽留；沉静的女人明白，内心充盈才能听到自己真实的声音，才能看淡世间的喧嚣；沉静的女人懂得，要把外在的美延续，就要把人生的涵养、经历和沧桑融入于心，化成一份沉稳大气，一份优雅从容。

可惜，许多女人还未曾真正读懂这份沉静的美。置身于人群，为了寻找自身的存在感，吸引更多的目光，她们会刻意提高声调；为了满足虚荣的心理，会故作自然地爆料出认识什么人，有过怎样特殊的经历；为了显得与众不同，会把自己当成时尚杂志的代言人。可是，她们或许从未发觉，就在她们身边，坐着一位清新脱俗、平视不语、表情温和的女子，正在散发着无声胜有声的美。相比之下，那咄咄逼人的架势、刻意炫耀的姿态、时尚美丽的装扮，都显得肤浅、粗俗、愚蠢，令人感到索然无味，犹如"小丑"在自导自演一出闹剧。

天不言自高，地不言自厚。沉静的女人深谙此理，她们从不把张扬当个性，把炫耀当魅力。不会不分场合、不看对象就自以为是地说笑不止，而不顾别人的感受。她们明白什么该说，什么不该说，什么是别人的痛，什么是别人的隐私。她们不会粗枝大叶，亦不会夸张做作，她们知道怎样展示自己的格调，知道怎样对待复杂的生活，更知道怎样捕捉到高贵与优雅。闭口不言，莞尔一笑，那是剔除浮躁之后的宁静，是拒绝平庸之后的高贵，是抛弃浅薄之后的成熟。

沉静的女人，含蓄、矜持、内秀，经得起时间的雕琢。年轻女子的沉静，会让美丽多一份深邃，会让心灵多一份内涵。外在是甘于寂寞，不动声色，内里是沉着自信，默默进取，容纳着一切，却又超越着一切。中年女人的沉静，一如婉约、高雅的桂花，散发着清新怡人的香气，那是少经世事历练的年轻女人所没有的魅力，是经历岁月沉淀的成熟气质。

做一个沉静的女人，婉约高雅，微笑留香。

不炫耀，不吵闹，安安静静就好

美丽是女人的资本，可当这份美丽与张狂、炫耀相伴时，就会变成浅薄与无知。亦舒曾经说过："真正有气质的淑女，从不炫耀她所拥有的一切，她不告诉人她读过什么书，去过什么地方，有多少件衣服，买过什么珠宝，因为她没有自卑感。"

某公司年会的晚宴上，一位身着简单黑裙，挽着韩式发髻的优雅女人，在一个安静的角落坐了下来。她身上没有一件奢侈品，除了一对珍珠耳钉，再无任何名贵的首饰。

衣着华贵的S女和H女朝着她径直走了过来，坐在旁边的位置上。她友好地示以微笑，却没有刻意寒暄。S女一如既往地炫耀着，说着她的高档礼服，说着她的蜜月旅行，说着她的国外采购。H女故作羡慕，内心却掩盖不住地想要表现自己，说起男友要换车，说起她唯一的爱马仕。争论得不相上下时，两个人开始寻找台阶来圆场，她们转身把目光投向了那个安静的女人。

S女的关心显得太虚伪，说她该买件像样的晚礼服，她身上的款式看上去有点旧，与她的气质并不相符。她沉默着，微笑着，不解释。H女接过女伴的话，说她应该搭配一条项链会更好，一边说一边摸着自己颈上闪闪发亮的吊坠。她默不作声，脸上依然保持着微笑。

此时，宴会上最出彩的那位男士朝着她们走了过来。S女和H女相视一笑，并故作优雅之态，与之打招呼。谁知，那位男士却把手伸向了那个衣着简单的女人："我能请你跳个舞吗？"她微笑着把手伸向他，说道："当然。"走向舞池之前，她回头向S女和H女一笑：

"不好意思，我先失陪了。"接着，她便成了会场里最耀眼的精灵。

在嘈杂的会场里，S女听到有人窃窃私语："没错，她父亲就是丹麦总部的营销总监。"顿时，S女觉得自己很流俗。那个女人的美，不只是音容笑貌上的美，还有一份不浮夸、不炫耀的优雅。

有人曾经说过："当一个美丽的女人炫耀她的美丽时，就开始变得丑陋了；当一个聪明的女人炫耀她的聪明时，就开始变得愚蠢了；当一个有才华的女人炫耀她的才华时，就开始变得一文不值了。"一个真正优雅的女人，她的一切都该是美丽的，容貌、衣装和心灵，缺一不可。可惜，太多高傲自负的女人，用趾高气昂的炫耀毁掉了那份独特的美。出身显赫、家境殷实、容貌出众、才华过人，这些本可以成为女人最好的资本，可一旦成了炫耀的工具，就会变得低俗而廉价。

没有足够的积蓄去支撑面子的时候，你可以放弃奢侈品，选择适合自己的个性产品；有了足够的经济实力做支撑，也用不着拿名贵的衣装堆砌自己，作为炫耀的资本。真正的档次不在于它的价位，而在于穿戴者的品位与修养。

古希腊诗人埃斯库罗斯说过一句话："人不该有高傲之心，高傲会开花，结成破灭之果。在收获的季节，会得到止不住的眼泪。"这是对高傲张狂的女人最好的忠告。可是，即便有了这样的忠告，依然有女人重蹈覆辙。这一次，她们炫耀的不是身材和容貌，不是家世与背景，而是幸福。

她爱说爱笑，与丈夫结婚七年，有个五岁的女儿，可婚姻依旧甜蜜如初。她的丈夫是个浪漫的人，会说甜言蜜语，逢年过节，她一定能收到丈夫送的鲜花，浪漫的情调，羡煞了周围婚姻平淡的老夫老妻。经济上也不吝啬，她想要什么，丈夫都会毫不犹豫地给她买。

也许是喜不自禁，也许是出于特别的心理，她很喜欢把丈夫挂在嘴边，说他如何爱他，如何对她好。只要与朋友相聚，无论什么场合，她开口闭口全是丈夫。起初，朋友为她高兴，可时间久了，听得次数多了，就觉得味道怪怪的，后来变得厌烦，不想听下去。当她又开始谈论丈夫时，大家闷头不语。虽然没有人说什么，可女人的心思女人懂，她是在炫耀。

好景不长，她的婚姻遭遇了七年之痒，丈夫竟然背着她有了外遇。这场外遇其实已经有三年了，她一直被蒙在鼓里，昔日的疼爱全是假象，不过是丈夫因为内疚所作的补偿。她伤心地找朋友哭诉，朋友嘴上不停地安慰，可心里却有种如释重负的感觉，想着日后终于不用再听她炫耀了。

一场艰难的拉锯战结束后，她与丈夫离婚，争取到了女儿的抚养权。

离婚三年后，她再次步入婚姻殿堂。她的第二任丈夫不浪漫，不会甜言蜜语，有点木讷，却很朴实。即便如此，他对她的真心，大家有目共睹。再婚后，她性情大变，虽然依然爱说爱笑，大大咧咧，滔滔不绝，可她几乎绝口不提丈夫。后有朋友问起，她说："幸福如人饮水，冷暖自知。"炫耀给人看，对于本身幸福的人来说，不过是可笑的话题；对于不幸的人来说，无疑是一种讽刺。

张扬的女人在哪里都是不可爱的。有人疼你、爱你、愿意为你付出的时候，你要懂得心存感恩，不要把点点滴滴的感动都拿出来炫耀，告诉别人"我如此有魅力"。幸福不是用来晒的，也不是可以炫耀的资本，那是一个人内心的状态。真正幸福的女人，永远都是优雅恬淡的，把幸福挂在嘴边，只能说明你还在用他人的承认来肯定你的人生，这亦是一种不够自信的告白。

优雅的女人，从不吵闹，从不炫耀，从不浮躁。所以，别再露出夸张的大笑和露骨的谈吐；别在得意的时候露出对他人不屑一顾的表情；别在享受幸福的时候，让全世界的人都为你喝彩。只要做好自己该做的，在内心细细品味生活的喜悦，谦和地对待身边的每一个人，即使生得不漂亮，也一样能够让人刮目相看。

活出一份精致，是女人的尊严

奥黛丽·赫本给女儿的遗言中说道："若要有优美的嘴唇，要讲亲切的话；若要有可爱的眼睛，要看到别人的好处；若要有苗条的身材，要把食物分给饥饿的人；若要有美丽的头发，让小孩子一天抚摸一次你的头发；若要有优美的姿态，要记住走路时行人不止你一个。"

身为女人，要活得优雅，必得活得精致，在细枝末节上展示出一份美好的姿态。

优雅知性的杂志女主编Ella，回忆起自己当年在法国留学的日子，感慨万千。

毕业那年，她四处奔波找工作，忙碌好久，却迟迟没能如愿。那样的日子再继续下去，除了回国，别无他法。她不知道问题出在哪儿，直到那位女面试官用鄙视的语气告诉她，她的形象与简历不相符。她发誓，可以用能力让她收回对自己的鄙视。可惜，对方没有给她展示能力的机会。

她的房东爱玛是个苛刻而考究的女人，她在家里给Ella列出了N条要求——不允许十二点之后还亮着灯，不允许洗浴时间超过十分钟，不允许穿戴不整齐就进入客厅，不允许用整洁的厨房做中餐，不允许家里有客人造访时不擦口红……

Ella坦言，她当时真的很讨厌爱玛，可奇怪的是，周围的人却都说她是一位不错的房东。

有一次，Ella刚洗过头发，坐在床上一边看招聘消息，一边吃面包。爱玛见到后，径直地走了过来，夺下Ella手里的报纸和面包，要她离开这里，指责她没素质。一气之下，Ella披散着头发，穿着睡衣，披上外套走了出去。

　　这些年来，从来没有谁说过Ella没素质，她傲人的成绩和出色的能力，让她一路走得都很平坦。她的家境不错，但母亲从不娇惯她，一直提醒她，能力最重要。她想不通，为什么这里的人那么喜欢"以貌取人"！

　　天气寒冷，她也很饿，出门后她就去了一家咖啡馆。咖啡馆的人很多，服务生将Ella引到一个空位上，用一种奇怪的眼神看着她。Ella的对面坐着一位法国女士，她看起来尊贵精致，穿着十分讲究。Ella有点不好意思，她的睡衣、运动鞋在对方的套装、丝袜、高跟鞋面前，像是一个卑微的小丑。Ella突然觉得，若不是因为自己披了一件价值不菲的外衣，这家高级咖啡馆恐怕会将自己拒之门外。

　　Ella点了一杯咖啡。服务生离开后，那位法国女士什么也没说，只是拿出一张便笺，写了一行字给Ella。她说，洗手间在你的右后方。Ella抬头看着她，她优雅地喝着咖啡，全然当做没这回事。Ella尴尬至极，想起房东爱玛方才对自己的指责，竟然也觉得她没什么错。

　　对镜独照，看着自己一身皱巴巴的睡衣，被风吹乱的头发，嘴边沾着的面包屑，Ella平生第一次看不起自己。她觉得，这副装扮似乎是在喻示：她不尊重自己，也不尊重他人。想起下午面试时穿着的休闲便装，她觉得那更是对一家知名企业以及那位HR经理的不尊重。

　　稍作整理之后，Ella又回到了刚才的座位上，那位法国女士已经离开。她给Ella留了一张字条，上面有一句漂亮的手写法语：身为女人，你要精致地活着，这是女人的尊严。

　　Ella迅速地离开了那家咖啡馆。到家后，才发现爱玛一直在客厅里等她。刚一见到Ella，爱玛就说她回来晚了，明天要帮她打扫房间。Ella向爱玛道歉，同意了她的要求。不过，此时的Ella已经对爱玛有了改观，她发现爱玛的"N条要求"给自己带来了很多益处。比如，早点休息可以让她拥有更好的精神状态；穿着优雅可以让她更自信，并赢得他人的尊重。

后来，Ella如愿地应聘到一家时尚杂志做助理。她得体的装扮和良好的精神状态，为她赢得了对方的肯定。那位精干的女上司对她说："你非常优秀，我们欢迎你。"Ella惊奇地发现，她的上司竟然就是上次在咖啡馆里遇到的那位女士，她是业界非常有名的杂志主编，不过她没有认出Ella。

Ella对她说了一声谢谢。那一句，不是客套的回应，而是发自内心的感激。她感谢这位优雅的女士给她上了一堂宝贵的课：身为女人，你要精致地活着。

多年前播出的偶像剧《流星花园》中，优雅娴静的静学姐对杂草女孩杉菜说："一个女孩子要时时刻刻把自己打扮得漂漂亮亮，因为说不定哪个时候就能碰见自己的白马王子。"没错，优雅不只是得体的妆容，约会时的刻意装扮，它该是一种对生活的态度。

精致，如同无形的精灵，紧紧地抓住人的感官，悄悄潜入人的心灵，给人留下难以磨灭的印象；精致，不只体现在穿着打扮上，它还关乎着每一个微小之处。细节最能反映一个人的本质，优雅的女性常常不是在学识、容貌上有多大的优势，她们会在细微之处显出自己的与众不同。

电影《阮玲玉》中，一个女子，高高挑挑的身材，穿着单薄的旗袍，走在幽静的小巷，轻盈的走姿凸显着她最美好的身段。看过这个镜头的人，无不为其倾倒。为了演出这份美丽的走姿，张曼玉曾经在多面镜子前苦练走路，最终达到出神入化之效。精致的女人就是这样，连走路的姿态也不会疏忽，每一步都带着一份优雅，一份从容，一份贵气。

小说《玫瑰门》中，女主人公司猗纹在被人抄家的时候，依然保持着最好的姿态。女作家铁凝在描述这一情节时写道："院里突然响起一片杂沓的脚步声，红的绿的影子在窗外走马灯似的晃动。司猗纹连忙放下手中的半块点心，飞速用毛巾掸掸嘴擦擦牙就推开了屋门。"精致的女人就是如此，任尔狂风骤雨，我自淡定从容。

精致，是一门极致的学问。怎么看都不会厌倦，怎么听都不会腻烦，怎么想都依然清新。精致地活着，是不浓妆艳抹，也不素面朝天，追求简约而不简单的大气；精致地活着，是做人群中的焦点，却不哗众取宠；精致地活着，是风情万种，却没有矫揉造作；精致地活着，是有奢华的风骨，却不沦为金钱的傀儡；精致地活着，是内心充满自信自惜，赏心于己，悦目于人，把一杯红酒喝出情调，把一件衣服穿出品位，把自爱当成被爱的基础。

做女人，就要精致地活着！为别人，更为自己。

Chapter 2

心智要成熟，心灵却不可以世故

走过懵懂的年纪，女人就要在成长的同时不断地成熟。成熟不等于世故，不等于冷漠，在修炼心智的时候，也要修性。不媚俗，不盲从，不自私，不刻薄，不为金钱所累，保持清澈的底色，守住内心的坚持。

不要被一时的感动冲昏了头

　　一位在商场打拼多年的女经理，在交流会上不小心落下了手机。她用别人的电话打过去时，恰好是一位男士接的，那是会议中心的大堂经理。拿了手机之后，男经理在临别时问她："你还忘了什么东西吗？"女人说没有。男经理笑笑说："还有你的倩影。"

　　这一句话就像一块棉花糖，让她的心瞬间融化了。她承认，她被感动得一塌糊涂。这些年，她都没有听到过如此富有诗意的话。那段日子，每每想起这段话，她都觉得很甜蜜。

　　都说女人是水，有一颗善感的心。确实，女人很容易被感动，不管她是柔弱的小女人，还是精明能干的女强人。一个浪漫的约会，一束美丽的玫瑰，一个小小的惊喜，一句诗意的赞美，都会给她留下美好的回忆。或许，这份感觉会让她深埋在心里，一辈子不忘记。

　　可是，感动归感动，在享受甜蜜的同时，女人也不得不多一份防备。毕竟，生活不是童话，社会不是象牙塔，有些善意，有些美好，可能只是伪装的表象。就像下面这则寓言故事，相信看到最后，你也会有所领悟。

　　一位马夫得到了一匹漂亮的白马，他每天都为它擦洗身体，梳理鬃毛。认识马夫的邻居和朋友，都说他心地善良，心思细腻，白马遇到了他，算是有福气。每次听人这么说，马夫心里都美滋滋的，还谦虚地说，这都是他应该做的。

　　然而，遇到这样的主人，白马并不开心。因为麦子的价格比较贵，马夫偷偷地把喂马的大麦都卖掉了，只剩下一小部分。每天，他只喂白马吃一点东西，到了晚上白马总是饥肠辘辘。可即便如此，马夫也并没有给它增加粮食。

终于有一天，白马在马夫给它梳理鬃毛的时候，发火了。它用粗而有力的尾巴甩开主人，大声地吼道："你不要再假惺惺的了，如果你真的对我好，就让我吃一顿饱饭。"

从表面上看，马夫为白马洗澡，精心梳理鬃毛，这样的主人是多么贴心啊！可这些，不过是做给人看的，自欺欺人。洗得再干净，鬃毛再顺滑，可在生命面前，那都是无足轻重的东西。若是真心善待白马，何不让它吃饱肚子？基本的生存都保证不了，光鲜亮丽的外表又有何用？

站在旁观者的角度，女人往往是清醒的，可一旦成了当局者，却有可能被感动冲昏头脑。一心只享受着表面的美好，甚至相信自己是遇到了真心人，别人的提醒权当是耳边风，非要等到覆水难收，痛彻心扉，看到了无法接受的真相时，才感叹是一场骗局。

Tina失恋了，可她内心还放不下前男友。独自在城市里打拼，每次生活中遇到点儿麻烦事，她就会想起前男友说的——"有事打电话给我"。可是，分手了还能成为朋友吗？她不想那么做，原本就是他提出的分开，自己又何必告诉全世界，失去他的日子自己过得很狼狈。要强的Tina，忍住了不去想他，只是偶尔看到身旁的情侣们相聚约会，心里会有点孤单和落寞。

无聊的日子，Tina就上网打发时间。一次偶然的机会，她在游戏里认识了乔，他在游戏里扮演指挥者的角色，声音很有磁性，大家都很欣赏他的"领导才能"，游戏里许多女孩都很"喜欢"他。碰巧的是，Tina和乔同在一座城市。

游戏之外，Tina经常跟乔聊天，谈各自的工作和生活。他们在同一个城市里，今天地铁里发生了什么事，明天是什么样的天气，都能成为分享的话题和关心对方的理由。遇到烦心事的时候，Tina会向他倾诉。乔细腻的关心，更让她感动。渐渐地，Tina把乔当成了自己的精神寄托，她觉得，乔的存在填补了她内心的空缺，也让她的生活显得没那么"难熬"了。不上网的时候，他们会互发短信，只要一天不跟乔联系，Tina就会觉得心里空落落的。

那天，Tina高烧不退，在医院打点滴。生病的时候，女人往往会比平时更脆弱。她打电话给乔，说自己病了。乔连忙打车到医院，那是他们第一次见面。Tina发现乔真的很有魅力，看上去比视频里更加俊朗。之后的几天，他一直悉心照顾Tina。

病愈之后，他们一起去看电影，一起去公园划船，一起去新开的西餐厅吃晚饭。吃饭时，服务员送来一束花，那是乔为Tina精心准备的。她彻底被打动了。乔送她回家，她没有拒绝。那天晚上，乔把她拥入了怀里……Tina沉浸在幸福中。

第二天，Tina醒来时，乔已经离开了。她给乔打电话，发现对方关机。Tina心里有点失落，却也没有在意。后来，Tina又给乔打电话，可他说自己要出差两天无法见面。再后来，打他电话就总是被挂断，发信息也很少回。Tina的直觉告诉她，可能出问题了。

她每天都给乔打电话，可最后接通电话时，却听见乔说："以后你别再打电话了，我的前女友回来了，我们在一起了。"之后，乔的手机停机了。Tina不甘心，跑到乔的住处找他。可惜，别人告诉她乔已经搬走了，说他在这里住的时候，经常带不同的女人回家。

Tina彻底崩溃了，她实在想不到，那个体贴浪漫的乔，竟然是一个十足的感情骗子。

女人都渴望遇到一个对的人，渴望一份浪漫的爱情，但在渴望爱情的同时，也该多一份理智。遇见积极向自己献殷勤的男人，不要被甜言蜜语和玫瑰钻戒冲昏头脑，多了解一下对方。如果他的感情是真的，那他一定经得起时间和现实的考验；如果他只是权当游戏，那么迟早会露出破绽和不耐烦。真心不是一两件事、一两束花就可以看出来的，那需要经历很多很多的事，才可以见证。

总之，身为女人，别太轻易就被感动了。人生中那些不必要的伤痛，越少越好。

婚姻不是一件可以随便的事

在快节奏的时代,闪婚族们有了这样的宣言——两秒钟可以爱上一个人,两分钟可以谈一场恋爱,两小时可以确定终身伴侣。此后,闪电般的相识,闪电般的完婚,就不再是一场不可触摸的神话。

好莱坞女明星蕾妮·齐薇格和乡村歌手肯尼·切斯尼,当年在维京群岛的海滩上,举办了一场低调的婚礼。他们表示,彼此间是一见钟情,他们并不了解对方,只是凭借感觉。结果,这段婚姻仅仅维持了四个月,就以离婚告终。

切斯尼后来说:"现在,我才知道,为什么那些经典的老情歌里会这样写道:'我们结婚时内心火辣无比,比胡椒粉的味道还浓郁,感觉就像是发烧了一样大脑发烫。'回想那段经历,我也有这样的感觉。结婚,真的应该是一件非常慎重的事,不可随便。"

何止是好莱坞明星会闪婚,世间为了一时的感觉而冲动结婚的女子,实在太多了。

春晓,80后女孩,一张娃娃脸让快三十岁的她看起来还像个孩子。事实上,她不只长得像孩子,她的心智也完全像个不成熟的孩子,尤其是在感情上。

二十三岁,她和心动的男孩半开玩笑地打赌:"你敢不敢娶我?"男孩说:"谁怕谁呀?"就这样,两个人去民政局领了一纸证书。领证第二天,两个人因为生活琐事争吵不休,一气之下又跑到民政局换了一张离婚证。虽然之后两个人又和好,但年轻时的爱情总有太多的不确定因素,最终他们还是因为生长环境的问题成了陌路人。

二十五岁，她又坠入情网。男方没有正式工作，是个爱音乐的文艺青年。她喜欢他，完全是沉醉于他在弹琴唱歌时的样子。现在想想，也许那只是一份好奇，一份新鲜感，走入一个陌生的世界，领略一番奇异的风景，仅此而已。可她当时已经没有理智了。文艺青年为了搞音乐，根本不去上班，甚至还有点愤世嫉俗。她是个世俗的女孩，想要买房，要结婚，要钻戒，可在文艺青年的脑子里，这些都太世俗。他们谈了两年，也互相折磨了两年。最后，又以分手告终。

　　二十八岁，她结婚了。一切都那么突然，那么意外。结婚登记那天，她就像去超市买东西那样平常，丝毫没有快乐之感。对方是经人介绍认识的，双方家里人都同意，她似乎对爱情和婚姻没什么憧憬了，说自己被爱情伤透了，遇到差不多的就嫁了。婚结了，房有了，蜜月度了，剩下的日子，她只是跟爱人培养感情。可是，她对他完全没有感觉，能不能培养出感情来，她也不确定。她只是觉得，如果再跑去离婚，实在是太丢脸了。可走到这一步，又能怪得了谁呢？

　　启蒙思想家卢梭曾说："我不仅把婚姻描写为一切结合中最甜蜜的结合，而且还描写为一切契约之中最神圣不可侵犯的契约。"婚姻不是儿戏，也不是衣服，随便凑合就行了。和什么样的人在一起，决定着今后几十年过什么样的生活，这里所说的并非是物质上的追求，重要的是两个人在精神上的契合度。

　　记得曾有人这样讲，人生是寻找爱的过程。每个人的一生都会遇到四个人，第一个是自己，第二个是你最爱的人，第三个是最爱你的人，第四个是共度一生的人。你会遇到你最爱的人，体会到爱的感觉；因为懂得被爱的感觉，你才能发现最爱你的人；当你经历了爱与被爱，学会了爱，才知道什么是你最需要的，而后遇到最适合你的、可以共度一生的人。这个过程细腻而漫长，急不来，总得要时间来考验。如果没遇到，那就静静地等待，不要盲目，不要凑合。

　　2007年，五十岁的铁凝结婚了，这让整个文坛都为之一惊。她遇到了燕京华侨大学的校长华生，这一生最对的人。

早在 1991 年初夏，铁凝三十四岁时，她冒雨去看望女作家冰心。冰心问她："你有男朋友了吗？"她说："我还没找呢！"当时，冰心已经是九十岁的老龄了，她语重心长地对铁凝说："不要找，你要等。"

这一等，就是十几年，直到五十岁，她才与华生结为伉俪。在之前的感情空白期，铁凝一直记着冰心的话，静静地等待，没有刻意去寻找。在等待中，华生出现了。

他们两人曾经一起去过江苏的金山寺。金山寺有一块匾上篆刻着"心喜欢生"四个字，意思是说，心喜悦了，快乐就来了。他们在苏州的山塘街一起听评弹，感受着陆游与唐婉的爱情。虽然人到中年，可他们依然心怀柔情，能在茫茫人海中，得到灵魂之伴侣，是怎样一种幸福。

爱情，从来都是百转千回的事。美好的东西，总要沉下心来等待，才可以等得到。因为不甘寂寞而开始的恋爱，只会让心灵更空虚；从一开始就将就的婚姻，很难将就一辈子。一份好的婚姻，应当像铁凝说得那样："婚姻应该会更丰富滋养人的内心，而不是使它更苍白或更软弱。"可那些随随便便开始的爱情，带着遗憾开始的婚姻，显然是无法实现这一点的。

在爱的路上，每个女人都要好自为之。不要刻意追求爱情，也不要为了结婚而结婚，遇到一份真感情就好好把握，若那个人没出现，就慢慢等待。或许，在下一个转角，你就能与他不期而遇，谱写一曲爱的奇迹。

收敛一下直来直去的性子

英国思想家培根有句名言："交谈时的含蓄得体，比口若悬河更可贵。"

一个女人有着率直真诚的性情，固然难得，但这并不意味着说话也可以毫无顾忌、直言不讳。若是在懵懂无知的年纪，可能别人会原谅你的单纯、不谙世事；可若到了成熟的年纪，该有一份沉稳大气、知书达理的姿态时，还是这样唐突直言，只会令人反感抵触。

一位女律师刚刚从名牌大学毕业，家里托关系介绍她到律师事务所工作。上班后不久，她就接了一个重要的案子，为其中一方辩护。

辩论进行中，法官说了一句："海事法追诉期限是六年，根据……"法官的话还没有说完，女律师突然间打断了他，她直率地说："您说错了，海事法根本就没有追诉期限。"

法庭里异常安静，掉在地上一根针都能够清楚地听见。法官根本没想到，中途会冒出这么一个声音。的确，他犯了一个不该犯的错误，现在的他觉得，尴尬不已。他那张严肃的脸变得铁青，愣在那里足足有几秒钟，没有说话。

女律师以为自己会得到法官的赏识，说她有勇气和学识，可现在她才意识到，自己这种突兀式的"表现"不仅让法官难以接受，她自己看到眼前的情景也觉得浑身不自在，不知道该如何收场。大家的目光分明在说，她太自以为是了，丝毫不给人留面子。

说起来，女律师似乎也没什么过错，她只是说出了事实而已。可即便如此，她还是"错"了，错在了人情世故上。对于法庭上许多普通的听众而言，他们或许并不太清楚某项法律条文的细则，若是等法官讲完话，再让他们知道问题的所在，是不是更明智一点呢？

《呻吟语》中有这样一段处世经验："独处看不破，忽处看不破，劳倦时看不破，急遽仓卒时看不破，惊扰骤感时看不破，重大独当时看不破，吾必以为圣人。"不管在什么地方，处于什么样的位置，都要管好自己的嘴。不到非说不可的时候，尽量保持缄默；就算是一定要说，也得讲求方式。

俗话说："说者无心，听者有意。"很多时候，你认为一句看似无关紧要的话，可能就会在听者的心里划下一个伤口，难以愈合。女人千万得有自知之明，不能在自己说话得罪了人的时候浑然不知，依旧滔滔不绝。说话就跟包装一样，需要用漂亮的外表包装一下，才更能凸显美丽。

曾经看过这样一则故事：

英国一位倒卖香烟的商人，到意大利去做生意。一天，他站在罗马某个市场的台子上，滔滔不绝地给大家讲述抽烟的好处。显然，这是完全有悖于常识的。这时候，从听众里站出来一位女士，她没有打断商人的话，也没有和他打招呼，直接走上了讲台，要发表言论。正在讲话的商人，被突然冒出来的她吓了一跳。

女士在台上站稳后，大声地说："女士们，先生们，抽烟的好处实在太多了！除了这位先生刚刚说的，我还想补充一些。现在，我就把这些好处告诉大家。"

英国商人很高兴，有人竟然愿意帮他推销香烟。他向那位女士道谢说："谢谢您了，女士。我看您气质非凡，说话动听，一定是一位有学识、有修养的女士，劳驾您把抽烟的其他好处告诉大家吧！"女士冲他一笑，开始讲话。

"第一，看到抽烟的人，狗会害怕，会逃跑。"台下的听众窃窃私语，不知道她到底想说什么。商人站在一旁，心里却很高兴。"第二，小偷不敢到抽烟的人家里偷东西。"台下的人更是摸不着头脑，商人却更加高兴了。"第三，抽烟的人永远年轻。"台下的人躁动了，觉得简直是谬论。商人在台上，笑得合不拢嘴。

突然间，女士表情变得凝重，说："女士们，先生们，请安静一下。我现在要来解释一下刚刚说的话。第一，抽烟的人中，驼背者居多，狗看到他们，总以为是在捡石头，它能不跑掉吗？"台下的人笑了，商人却慌了。

"第二，抽烟的人夜里总是咳嗽，小偷一靠近他家，就知道房间里有人，他还怎么可能敢跑进去偷东西呢？"台下的人鼓掌，商人吓出了汗。

"第三，抽烟的人很少有寿命长的，所以永远年轻。"台下叫好声一片。

这时，人们才发现，商人在听到女士的解释后，早带着他的东西偷偷地溜走了。

假设一下，倘若从一开始，这位女士就破口大骂，说商人是在胡说八道，或许商人也会因为她的火爆脾气和伤人的语言而走掉，可那样她给众人留下的印象也不会太好。谁会喜欢一个口无遮拦、出口骂人的妇人呢？可现在，她没说一句脏话，泰然自若，就把商人的一派胡言都否定了。这样的女人，任谁见了都会佩服和欣赏。

太过直来直去，开门见山，或是当面指责对方，总会让听者感到不悦，甚至对你进行反击。所以，也只有那些缺乏自知之明的女人，才会傻到做这样的事。人都是有自尊的，无论是法官还是商贩，直率地去说对方错了，很伤人颜面。更何况，批评和挖苦别人，也无法抬高自己，反倒会让自己显得乏味，没有教养。

女人要有一份成熟的心智，不能活在单纯的世界里，对别人再不满意，也要理智对待。别以为直来直去就是豪爽，就是个性，除了你自己，没有人会爱上你咄咄逼人的样子。

不要轻易瞧不起任何人

拥挤的公交车上，一个漂亮的女孩站在两位男士前面。身后的他们，一个是透着阳光气息的男孩，一个是衣着破旧的民工。车辆拐弯的时候，漂亮女孩突然感觉有人把手伸进了她的皮包，她大喊了一声，那只手便缩了回去。

漂亮女孩转过身，冲着农民工骂道："干点什么不好，偏偏要做贼。"骂完之后，朝着那位阳光男孩那边挪了挪。农民工没有吭声，周围的人也开始议论纷纷，用鄙夷的目光看着他，同时都用手抓紧了自己的包。

到了下一站，阳光男孩下车了。车刚起步，漂亮女孩就惊慌地大叫："我的钱包没了，我的钱包没了。"乘客们都慌了，连忙查看自己的东西，结果好几个人都发现自己丢了东西。漂亮女孩连同那些失主，一口咬定是那位农民工偷的，并让司机马上停车。

农民工解释，说他不是贼，大家误会他了。可是，没有人相信。大家围住他，非要搜身。那位漂亮女孩没有了最初的静雅，竟然对农民工搜身，她根本不知道自己的行为侵害了农民工的权益。或许，在她的脑海里，对方根本没有权益，不值得尊重，哪怕是在众目睽睽之下。

最后，她果然在农民工身上搜到了一个纸包。她咬牙切齿地骂道，说："说你是贼，还不承认……我看你怎么解释。"她迫不及待地打开了纸包，想把赃物公之于众，却不料是一本警官证。还没等她反应过来，农民工就把手铐戴在了她手上，让司机把车开到警局。

到了警局，大家发现，刚刚在车上的那个阳光男孩，竟然也在警局。在警局的桌子上，有几个钱包，都是从那男孩身上搜出来的。大家一看，就是自己丢的。那位假扮农民工的警察说："他们是搭档，最近一直在银行门口守株待兔，跟踪一些领了工资的农民工。他们就想利用大家以貌取人的心思，作案之后，嫁祸给农民工，说他们偷钱。其实，他们只是想把农民工的钱据为己有。那个男孩，就趁着大家慌乱的时候，偷别人的钱。"

听完这样一番解释，众人都没再说话，也为自己刚刚的行为感到羞耻。警察对着那个漂亮女孩说："男孩说了，这主意是你出的。你倒是很聪明，可惜没用对地方。我只想告诉你，农民工也是人，也有尊严，也受法律保护。我还想告诉你，永远不要看不起任何人，因为你不知道什么时候你会'看走眼'。"

身处社会，人与人之间的确存在身份地位上的差别，可这不代表尊严与权利也存在差别。女人永远要懂得尊重别人，无论对方的外表、物质条件、社会地位如何，这都不是你轻视他们的理由。此时的物质条件不好，不代表以后还这样；此时的地位卑微，不代表没有翻身的那天；此时的外表丑陋，或许是为了什么原因而刻意乔装打扮的。

一位外企的高级女主管，每周都到清华大学读MBA课程。她班里的同学也多是一些大小公司的CEO。新学期开始时，一位穿着普通、头发蓬乱的先生要请她吃午饭，从外表上看，他顶多就是个小老板。然而，等到她和那位同学走出校门口时，才知道停车场里那辆豪华的宝马就是他的车。顿时，她为自己的以貌取人感到很惭愧，也觉得自己很肤浅。

有时，穿着平庸的人未必就没有成就。相反，那些看起来衣着光鲜、彬彬有礼的人，内心也未必多么明朗，许多人只是徒有虚表而内心阴暗。有些人穿着随意，可内心却有丰富的学识，只是思想上自由，不太拘束于打扮自己而已。

所以，任何时候都不能只相信视觉和感觉。外在的形象能够展示出来的信息是有限的，只能表现出一部分，甚至很小的一方面。

女人要成熟一点，不能轻易把自己所接触的人按照外表分门别类，塞进臆想的条条框框里。

关于如何看人这件事，一位女网友讲了一件她亲身经历的事：

搬到新大院的她，不小心打碎了一件从景德镇带回来的陶瓷，心里很不痛快。这时，有个戴着旧草帽的人，手里握着一杆秤，拎着两个纤维袋，走到了她的门口。她看对方是收废品的，就没好气地嘟囔了两句，说少来凑热闹，然后狠狠地关上了门。

第二天中午，她做饭的时候，门铃响了。打开门一看，又是那个收废品的人。她还没开口，对方就冲着她笑，说道："我又来了，有什么不要的东西，卖给我吧。"

她心里很窝火，很想破口大骂，可为了保持形象风度，她忍住了，只是喊来丈夫说："有什么不要的旧杂志报纸，卖了吧。"之后，她又回到了厨房。

几天之后，她突然想起，自己搬家的时候，好像把一张旧版的人民币夹在一本旧书里了。那张纸币，是她费了很多心血才收集来的。她翻遍了家里的抽屉和书架，都没找到。她想了想，唯一的可能就是被当成破烂卖给了那个收废品的人了，她想要回那张纸币，可想到自己对他的那个态度，她心里很慌。丈夫安慰她说，试试吧，人家也是本分的人。

她以前实在不想见到那个收废品的人，现在却巴不得他的身影快点出现。可是，一连几天，收废品的人竟然都没有来。她想，他怎么可能来呢？如果他知道那里有张纸币，肯定担心我会问他。

某天中午，她在厨房做饭，门铃响了。收废品的人，主动找到了她。没等她开口，他就递给她一本书，里面夹着她辛苦收集来的那张纸币。他说："我前几天回老家了，回来整理废品时发现了这个，就给你送过来了。"

她不知道该说什么好，看着眼前这位老人，心里涌起了莫名的感动。她明白了一件事，真的不能轻视任何一个人。就拿眼前这位收废品的人来说，他穿得不好，形象也不好，可他的人格却是许多人都无法比拟的。人的高尚与尊严，不能用地位的尊卑来衡量。她无法为这位老人做什么,唯一的报答方式,就是每天把单位的废旧报纸和家里的废品收好了,等他来的时候交给他。

不想再做赘述,只想告诉女人一句话:不要轻视任何人,包括你自己。那些不起眼的人,可能就是你生命中的贵人,同样,你也可能会在某些特定时刻成为别人的贵人。

对不喜欢的人示以微笑

从前的她，是何等的"傲气"，对不喜欢的人，永远是一副冰冷的姿态。在她的世界里，不喜欢就意味着彼此间没有精神的交集，意味着彼此是两个世界的人，意味着我的一切与你无关，不管你是同事，还是上司。

这份"傲气"，让她在现实中多次碰壁。一次又一次的失业，或是自己赌气离开，或是无奈被动离开，虽然走的时候她露出的是一副满不在乎的样子，虽然事后有人说欣赏她的个性。可那又如何呢？再有"傲气"的人，也要吃饭，也要生存。

毕业三年，当年和自己处在同一起跑线的人，多数都已经在各自的地盘站稳了脚，而她还在风雨中飘摇，与现实格格不入。她心里有一种莫名的挫败感。自己有才华，有个性，就是处处不得志。她觉得这是生活的错，是环境的错，是别人的错，而不是自己的错。

偶然的一次，远方的知己来到她的城市，两人相约叙旧。当初，她们能够成为知己，也是因为年纪相近、职业相仿、思想相通，对喜欢的人，愿意肝脑涂地；对不喜欢的人，说一句话都是多余。活在自己的世界里，永远以为自己是清高的莲花，无形中拒绝了很多人，很多机会。

而今，她发现，朋友已和两年前不同，并不是言谈举止，而是她的思想。她似乎已经融入了现实的生活，也接纳了许多。言语间透露的是一股包容，过去谈到某些激烈的话题时，她的情绪会很激动，可现在，她只是一笑而过。

她说："你好像变了。不过，我倒也不讨厌你这样的变化，反而觉得你活得更坦然了。"

友说："是吧。你忘了，我已经三十一岁了。从前那个愤世嫉俗、清高自傲的女孩，已经消失在岁月里了。可能，是我真的想通了。"

她问："想通了什么？"

友说："世界不是我一个人的世界，生活不是我一个人的生活。既然身在这样的环境里，就势必会遇见形形色色的人，喜欢的，不喜欢的，都以他们各自的方式存在着。我们不过是借这世界的一块地，成长、成熟，他们也如是。只是，我们不可避免地会有接触，那就各自尊重，到最后发现，也没什么大不了的。所谓厌恶，不过是内心不接受别人的生活方式。可人家不是为我们活着的，为什么要改变？接受，永远比抵抗要舒心得多。"

她说："这就是所谓的成熟吧！"

友说："你也该成熟了。"

而后，两个人相视一笑。

那次和朋友相聚后，她想了很多。想到自己毫无起色的工作，一成不变的生活，孤立无援的状态……她反思是否真的是自己的错。曾经有人说过，她就像一只刺猬，不知道什么时候就会被她扎到。她决定，要拔掉身上的刺，收起那些棱角。

最初的日子，有点艰难。依然有那么多看不惯的人，看不惯的事，每每想要表现出愤怒和不屑一顾的时候，她都有意地控制自己。朋友告诉过她，自己以什么样的态度对别人，别人也会以同样的姿态对待自己。她试着请过去不喜欢的人吃饭，简简单单的一顿饭，让彼此间的隔阂少了许多，无意之中，少了一个"敌人"。时间久了，她也就适应了。纵然不喜欢一个人，只要对方与自己的原则不抵触，不去深交就是了，也不必弄得剑拔弩张。

这样的经历，几乎每一个从幼稚走向成熟的女人，都曾有过。年轻的时候，嚣张跋扈，个性鲜明，对自己不喜欢的人，总是避而远之、置之不理，从不会主动示好，最终，弄得人缘一团糟，工作一团糟，生活一团糟，似乎总有许多人在跟自己"作对"。归根结底，问题还是出在自己身上。

一位母亲劝诫女儿说："要学会对你不喜欢的人微笑。"女儿当时只有二十岁，并不理解。可到了二十五岁，经历了许多事，见过了许多人，她突然明白了母亲说的话。那不是一种软弱，一种妥协，而是一种豁达，一种圆融。

女孩说："对不喜欢的人微笑，并不是一件多难的事，关键是克服心理上的障碍，一切就会变得很自然。"提及自己是如何改变的，她说了四句话。

第一句话：把自己当成别人。

保持一颗平常心，别太在意得失荣辱，也不要因为一点不如意就摆脸色给周围的人看。你不喜欢一个人，可能是因为他曾经如实地指出了你的某些缺点，而女人往往对指出自己缺点的人耿耿于怀。何必那么小气呢？对那些看到自己缺点的人，说声谢谢，他让你知道该从哪儿去改善自己，这也是一种收获。

第二句话：把别人当成自己。

不要总以自己的尺度衡量别人，多设身处地为别人想想，就不会那么较真了。谁有谁的特质，谁有谁的脾气，求同存异就可以。如果只因为对方的性格、行为与自己不同，就拒绝与之交往，那会失去很多交友的机会。宽容一点，别太计较，多理解别人，这样的女人是很可爱的。

第三句话：把别人当成别人。

人与人之间，相互尊重是很重要的。你如何对别人，别人就如何对你。你尊重别人，对别人笑脸相迎，将心比心，别人也一定这样对你。冷漠和敌意，只能把对方"推"到自己的对立面上。试着用温和友好的方式与人交往，坚冰也会融化。

第四句话：把自己当成自己。

在自知的基础上建立自尊与自信，成熟地与人相处。你所认识的每个人，或多或少都会对你有所帮助，或是现在，或是将来。无论你对这个人是什么感觉，都要保持一个正确的心态，你不喜欢的那个人，也许就是你的贵人；你擦身而过的"路人甲"，也许会在某个时候会帮你一个大忙。

　　心智尚未成熟的女人，不要再用幼稚的方式与人交际，不要给人留下自以为是、自命清高的印象。尊重生活中的每一个人，对喜欢的、不喜欢的人都示以微笑，是一种气度，也是一种睿智。

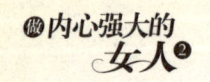

成熟女人，知世故而不世故

芸芸众生的女子，就其心理年龄而言有三种：幼稚、成熟和世故。若以西瓜来比喻，那么幼稚的女人就像是生瓜，没有人会喜欢；成熟的女人像是甜美的熟瓜，人人都趋之若鹜；而世故的女人就像是熟透的西瓜，早已变了味道。

曾经听过这样一句话："成熟是一种迷人的美，它与世故格格不入。大凡把成熟和世故同日而语的人，一定是还没有跨进成熟的行列。"

许多时候，女人混淆了成熟与世故的概念。以为成熟就是世故，结果连纯真的心也一并丢了；以为成熟就是精明，结果陷入了物欲的无底洞中；以为成熟就是伪装，结果把真诚化作了逢场作戏。自我感觉是成熟了，其实是变得世故了。

生活往往是这样，十年寒窗无人问，一举成名天下知。现在的他，已经在香港办了三次画展了，可谓是业界年轻有为的画家。可是，很少有人知道，七八年前的他，还是一个穷小子。

从美院毕业两年后，他辞掉了工作，一心扑在绘画上。当时，正和他交往的女友L得知他辞职的消息，跟他大吵一架，说他不成熟，说他是异想天开。其实，他心里明白，L是嫌弃自己穷，给不了她房子、车子、面子，满足不了她在女友们面前的虚荣心。每每说起他，她就是长叹一口气，对朋友说："他就是一个不靠谱的文艺青年。我这辈子算是完了。"

再继续这段感情已经没有意义，她要的他暂时给不了，而她也不相信未来的他能有多大的改变。他们分开了，L和一个开着雅阁的男生在一起了。

情场失意，事业失意，那算是他人生中最失落的阶段了。都说上天在给人关上一扇门的同时，也会给人开一扇窗。R的出现，就是最好的证明。和前女友相比，R确实不那么漂亮，可她自信。更重要的是，她爱他，支持他，并借助自己的关系和能力，帮他联系业务。

在浮华的年代，遇到一个愿意与自己同甘共苦的女子，实属不易。R属于那种很有定性的女人，她从不会向他要什么，也从不会说打击他的话，更不会拿他和谁谁谁去比；她忙着自己的事业，加班、出差、聚会，节奏和从前一样。

她给他足够的空间来创作，也相信他的能力。后来，他被美国一家基金会看好，在国内成功地举办了第一次个人画展。此时的R，依然如故，并未四处炫耀，还是像从前一样，做着自己该做的事，在他需要的时候，给他宽慰与支持。

就在这时，L回来了。她说，她后悔了，想跟他重新开始。的确，现在的他再不像从前了，他从一个没钱没名气的穷小子，摇身一变成了英俊帅气的"艺术家"，还有不少仰慕他的女人追随。可他告诉L，自己有女朋友了，他们不可能了。

L打听过R，也知道她的一切情况。她说："就为了那个女人吗？个子不高，长得也不漂亮，我哪里比不上她？我们之前是有感情基础的。当时，我父亲住院了，着急用钱，我是一时情急才做的那个决定。我真的希望你理解我……"

他说："别说了，那都是过去的事了。我们真的不可能了。"

L向来高傲，说："你告诉我，你看上她什么了？"

他说："你们不是一类人，没有可比性。"

话说到此，识趣的L没有再继续问。她知道，再问下去，只是自讨其辱。"不是一路人"，是一个太明显的对比了。L离开的时候，心里也很难过，不仅是为了他的拒绝，也为了那个迷失的自我。她真的不知道，自己从什么时候开始，竟然变得那么世俗了。

女人要成熟，要知道为人处世的道理，却不能世故。没有人喜欢世故的女人，那是烂掉的成熟，内里已经干枯。成熟的女人，该像R那样，不媚俗，不盲从，对爱人宽容，有共同承担的勇气，有脚踏实地的心态，不为金钱而放弃感情，不为暂时的低迷人生而抱怨。

成熟的女人，是有义气、有担当的，患难的时候不会置人于不顾，与人交往的时候也不会利益当先。她们不会因为金钱权势去刻意讨好谁，也不会因为身份地位的不同而示以不同的脸色。

成熟的女人，会笑对人生的磨难，悦纳生活的艰辛，把跌倒的地方当成起点，拍拍尘土淡定前行。她们从不会心怀怨怼，更不会因为自己曾经受过伤而变得冷漠，任心灵荒凉。

成熟是一种气质，一种美丽，一种心性，让人愿意接近，让人能感受到温暖。女人要成熟，要懂得人情世故，却永远不要世故。

成全别人的同时，也是成全自己

哲人说过："给别人一些空间，就是给自己一个世界；给别人一些帮助，就是给自己生机和希望。但是，如果你先前不帮助别人，别人也不会主动帮助你。"

师出同门的两个人，到了迟暮之年，除了练就了一身好武艺，还都有钓鱼的绝技。只是，师兄为人吝啬，总是担心别人学会他钓鱼的绝技，未来成为自己的竞争对手；师弟则不同，平日里很愿意帮助别人，也传授他们钓鱼的绝技。只不过，他有一个条件：那些学钓鱼的人，每钓上一百条鱼就要免费给他四条。很多人都跑来跟这位老人合作，他也毫无保留地传授他们绝技。

老人的徒弟们掌握了绝技之后，各个信守承诺，对师父心存感激。后来，慕名学艺的人越来越多，而老人的收获也越来越多，即便自己不去钓鱼，也总能有丰富的收获。他开始做起批发鲜鱼的生意，且越做越大，最后成了当地有名的富豪。而那位吝啬的师兄，到现在依然是每天孤零零地钓鱼，过着清贫的日子。

赠人玫瑰，手有余香。女人不能太世故，太自私，心中只有自己。很多时候，留一颗柔软的心，尽自己一份微薄之力，并不会让你失去什么；相反，你还有可能从中得到意想不到的东西。

很久以前，看过这样一个故事，深受感动——

临近下班的时候，派出所里来了一对年轻的小夫妻，他们抱着刚刚出生不久的婴儿，来办理户口登记。民警接过他们递来的资料，发现孩子的姓名的后两个字叫"行善"。民警觉得挺有意思，笑笑说:"这个名字很不寻常啊!"

话音刚落,孩子的父亲便接过话茬说:"是,这名字有着不寻常的意义。我、我的妻子和这个孩子,都是'6·22'海难事故的幸存者。"他的解释震惊了满屋子的民警,他们充满期待地等着他讲述这段特别的经历。

2000年6月22日,他和妻子坐在"榕建号"客轮上。那天,海上弥漫着浓雾,什么都看不清,没有一个人会想到,死神正在伸出狰狞的手,朝着他们走来。

就像电影里的画面一样,船身毫无预兆地骤然倾覆。坐在船上的他,大脑当时一片空白。紧接着,他就听到了慌乱的喊叫声,哭泣声和呼救声。或许,很多人都不知道到底发生了什么事,他也一样,但求生的本能欲望促使着他用力划开水流。他用尽了全身的力气,努力地爬上救生艇,仰面朝天喘着粗气,保住了一条性命。

自己活下来了,可他并未感到喜悦,因为他那有孕在身而不会游泳的妻子,还在船上。她还"在"吗?就在他悲伤时,突然发现水里漂来了个东西,看上去像是一个女人。她不断地扑腾水花,想告诉别人她还活着,努力地求救。

他已经很累了,甚至快要虚脱了。一个鲜活的生命在他眼前晃动,"救人"的念头让他忘记了自己的疲惫,他再一次回到水里。他倾尽全力把那个女人救了上来,而自己已经虚弱得睁不开眼,他忘了自己是如何把她拉上救生艇的。

不知过了多久,昏厥的他醒了过来。他看了一眼自己救上来的那个女人,顿时震惊了。而后,两个人开始抱头痛哭。因为那个女人,正是他的妻子。

办事民警听到这里,正要插嘴说"假如……"男人便又说道:"你一定想问,假如我当时侥幸自保,而不去救人的话……"警察默然,所有人都知道,结果将会如何。但这个看似简单的答案,却关乎着两个至亲至爱的生命,所有的结局,只在一念之差。

孩子的母亲说:"苍天有眼,助人者天助之。我们给女儿取名叫'行善',是纪念她的出生,也是希望她无论在什么样的情况下,都不能放弃哪怕是一次微不足道的行善机会。"

　　诗人菲利浦·詹姆斯·贝利曾经这样写道："人生不是岁月，而是行为。"

　　你待人的方式，将决定你失意时别人怎样待你；你失意时别人怎样待你，也决定了你遭遇困难时，是一败涂地还是有惊无险地渡过难关。或许，不少女人会把行善视为一种宏大的举动，其实不然。作为一个平凡的女人，我们依然能够把自己的善念融入生活的点点滴滴中，给他人带来温暖，同时也滋养自己的心灵。

　　虽说人与人之间的关系有亲疏远近之别，可不管怎样，别人都和我们一样有生命，有感情，有自尊。成熟的女人，要试着宽容地接纳所有与自己不同的人，处处爱人，处处敬人，不要有任何偏见和轻视。当别人遇到困难或遭遇不幸时，若能伸出援助之手，解囊相助，这就是做了一件功德无量的善事。

　　试想一下，当你孤独无助的时候，如果有那么一个人给你祝福和帮助，给你安慰和温馨，难道我们不感到幸福和快乐吗？成熟的女人应该记住，想要别人成全你，首先你要学会成全别人。

金钱与物质不是生活的全部

物欲横流的时代里,很多女人都被物质的浮华外表迷惑了。

爱情本是一件美好而简单的事,如今却被附加了各种条件,彼此的价值观、生活背景、兴趣爱好,完全成了附件。的确,没有面包无法生活,可光有面包就够了吗?如果情感虚空,没有共同语言,就算身处富丽堂皇的宫殿,也不会有童话般的幸福。

在一档婚恋节目中,一位女嘉宾直言不讳:非有钱人不嫁。此话一出,立刻引来网友的狂轰滥炸,她的工作也因此受到了影响。最后,在舆论的巨大压力面前,她不得不草草离开舞台。

事后,她曾委屈地说,自己会提出那样的条件,一是主办方为了炒作,二是自身家庭情况不好,对物质的需求比别人更迫切。这样的解释,难以得到众人的认可。

作为一个有思想、智商成熟、平日里各方面表现都不错的女人,难道站在舞台上就不是你了吗?不管是炒作,还是其他的目的,你完全可以坚定自己的立场。这是婚恋的节目,所有人看到的是你的人生观、价值观,你反复强调物质,强调没房、没车、没存款、月薪不过万的人免谈,这在无形中会伤害许多人。她以为自己所受的伤害是别人造成的,其实是她自己不够成熟,不够沉稳,说出不当的言论导致的。

换个角度说,渴望嫁给一个物质条件好的人来改善自己的生活,也无可厚非。但置身于一个公众场合,不断放大自己对物质的渴望,近乎骄傲和固执,这就是她的错。她或许忘了,婚恋是相互选择的,而不是一厢情愿的。你愿意找这样的人，可人家愿意接受你吗？女人，有时候很需要好自为之。

还有人说，她说出了自己内心的想法，不虚伪。确实，她不仅说出了自己的想法，也说出了许多人的想法——享受物质生活。这一点，多数人都是一样的，没有人不想过更好的生活。然而，凡事有度，说话也要有分寸。倘若她坦白告诉所有人：我自身的能力有限，如果对方条件比我好，愿意和我一起照顾我的家人，我就嫁给他。或许，这样的说法会更容易被人接受，也让别人能够感受到她的诚实。至少，不会有人说她是一个拜金主义，一个自以为是的女人。抱着这样的心态，她也许真的可能会遇见幸福。

退一步说，有了金钱和物质，就有了一切吗？一位国际男星，日进斗金，家有贤妻做各种稳健投资，可谓是名副其实的有钱人。可他却总告诉世人：钱不能获得所有的快乐，唯有内心的安宁，才是真正的幸福。是的，钱不是万能的，有许多东西它都换不来。

好莱坞一位肥胖的影星，在演出时因心肌衰竭被送进医院。医护人员用了最先进的设备，最好的药，却仍然没能挽回他的生命。临终前，他自言自语地说："你的身躯很庞大，但你的生命需要的仅仅是一颗心脏。"他的这句话，深深地触动了在场的医院院长。为了悼念他，也为了提醒那些体重超标的人，院长让人将他的遗言刻在了医院的大楼上。

还有一位三十三岁的女程序设计师，曾留学于加州大学，回国后在IT领域打拼。不到十年的时间里，她奋斗出了一套房子。为了再买一套小型的学区房给孩子入学做准备，她经常下班后把工作带回家，加班到凌晨两三点才去睡。最后，她累倒了，再也没有起来。抢救她的医生说，劳累是她猝死的主要原因。她本想让家人生活得更好，可她的离开，给丈夫和孩子留下的是无尽的遗憾。

人生的价值不能只看钱，幸福的定义是多方面的，除了金钱还有许多东西值得去追求。如果脱离了精神上的追求，只剩下对物质的追求，那么生活就会变得空虚，思想也会堕落。更重要的是，你在未来的几十年里，都可能会感到身背重负，寸步难行。

你大概也听过那个穷人圈地的故事吧!

一个穷人想得到一块地,地主说让他从这里往外跑,跑一段就插个旗杆,只要在太阳落山之前赶回来,插上旗杆的地就都归他了。贪心的穷人,不停地跑,太阳偏西了还不往回赶。太阳落山前,他气喘吁吁地跑回来了,可是刚一回来,就倒在地上累死过去了。有人挖了个坑,就地埋葬了他。他的妻子在他坟前哭着说:"你怎么那么傻?一个人要多少土地呢?就这么大!"

物质,永远都不是生活的全部。女人真的要趁早明白这个道理,世间除了物质,还有许多珍贵的东西,譬如生命、感情、责任。想过得更好没什么错,但不要活得太累,不要沦为金钱的奴隶,让生活里只剩下物质名利,没有情感,没有乐趣。

奉劝世间所有的女人,不要被物质迷乱了双眼,不要被金钱驾驭了心灵,在美好的年华里失去了方向,最终难免会被他人唾弃与不齿。等到韶华逝去,再去后悔此生没有留下珍贵的记忆,那就晚了。但愿,每个女人都不要给自己留下这样的遗憾。

Chapter 3

享受悠悠的时光,给自己最深的宠爱

人生苦短,刹那芳华尽。在悠悠的时光里,女人要学会爱自己。爱自己,就要活得美丽,不为取悦谁,只为取悦自己;爱自己,喜欢的东西不指望别人送,自己买的更懂得珍惜。

一辈子不长,别过得太苦了

女人是上帝的宠物,他把美丽、温柔、善良、多情的美好品性毫无保留地交给了女人。有些女人读懂了上帝的恩宠,享受着悠悠的时光,在忙碌与闲暇的交替中享受着身为女人的美好;有些女人始终没能领会生活的真谛,把各种有形无形的枷锁套在心上,沉重地过了一辈子。

多少女人曾经扪心自问:究竟是生活太苦,还是自己活得太累?

其实,生活本不累,累的是人心。可细想想,有谁要你过得如此辛苦,有谁强迫你如此忙碌,是你自己给自己背负了太多的压力。你以为自己足够坚强,足够有力,习惯把所有问题都自己扛;你以为今天走得快一点,明天就能离生活近一点,却忘了在你追赶着生活的时候,生活已经离你而去。

寂静的办公室,叶桑突然听见卓怡说了一句:"我感觉现在的生活已经不属于我了。"

这句话像一根刺,直接戳进叶桑的心,让她觉得疼痛万分。从她认识卓怡那天起,那就是一个雷厉风行的女子,如此消沉的话从她嘴里说出,实在令人意外。可卓怡的心情,她却能体会到。

在公司里,她和卓怡都是项目负责人。每天最早到公司,午饭不知道几点吃,晚上更不知道加班到何时,还要全国各地跑客户,一天飞两个地方也是家常便饭。每天从睁开眼的那一刻开始,就有一堆的事情等着她们处理。就在几天前,叶桑刚做了一个大项目,领导赞赏,同事羡慕,可她怎么也开心不起来。这份成功耗费了她多少心血，除了自己，没有人知道。

许多次，叶桑都曾陷入绝望中。看着公司里的年轻女孩，每天把自己打扮得漂漂亮亮，下班后不是去约会，就是找地方跟朋友K歌。再想想自己，生活里似乎除了工作，没有其他的了。没时间聚会，没时间看书，没时间旅行，没时间玩乐，没时间睡觉，没时间陪家人，也没时间照顾自己的身心。镜子里的那张脸，早就没了往日的润泽，机械的生活没有快乐，只有责任与付出。她突然觉得，银行卡里的奖金提成，在无人分享快乐或痛苦的状态里，丧失了意义。

在公司里做主管四年了，每天拖着疲惫的身体入睡，第二天睁开眼又不得不给自己打气。疲惫不堪、几近崩溃的时候，她经常会想起初入职场时的自己。清清爽爽地活着，爱笑、爱玩、敢说敢做，见不得逢场作戏。可如今呢？职场潜规则，还有一次次的跌倒、吃亏，让她收敛起真实的自己。休闲随意的衣装不见了，全是清一色深灰、墨蓝的刻板职业装，这些衣服曾经都是她最不喜欢的。

为了得到领导的信任，为了得到同事的认同，为了得到客户的满意，为了一再要求提高的业绩，她变得愈发不苟言笑。这种强势的职场作风，被她不自觉地带回了家。跟爱人相处时，她也总是说一不二，否则就大发雷霆。爱人几次说过，她变了。其实，她自己又何尝不知，昔日那个小鸟依人的她，早已不见了踪影。拖着一副女强人的身躯，内心却是那样的软弱无助。

就在叶桑发呆、自我感慨的时候，卓怡开始控制不住情绪，在QQ上倾诉："我心里有一个强烈的声音，总有一天我要远离眼前的生活。你知道吗？我恨死这样的日子了，讨厌这么多人，讨厌见客户，讨厌赔着笑脸，讨厌父母对我充满期待的样子。从小到大，我就笼罩在父亲的苛责里，母亲虽然不说什么，但也是对我充满期望。我总觉得，自己必须很优秀，才能不让他们失望。所以，再难再累我都坚持着，否则就好像自己真的很差。可现在，我是真的烦了，累了……有点扛不住了。"

叶桑看着，心里一阵难过。她也想不明白，为何这么累，还要坚持着？难道，人生除了工作，真的没有其他东西了吗？她回复了一个拥抱的表情，而后没有再说话。在下一周开始之前，卓怡辞职离开了，叶桑决定请长假。这一次，她没有顾及领导的想法，也无所谓丢不丢工作。

从焦头烂额的忙碌中抽身而出，她一个人跑到了泰国，没有爱人的陪同，没有带孩子。独自一个人享受风景和生活时，她突然发现，自己内心里有个小孩，从来没有被好好疼爱过，一直被责任、期望和金钱压着，连哭泣的声音都被压住了。她决定，以后要好好地疼爱它，疼爱自己。

活得太累，其实就是心累。短短一辈子的时光，若只停留在怨叹中，为了生活马不停蹄地奔波，样样都去计较，岂不是自己为难自己吗？

女人不要活得太苦，不要为了巾帼不让须眉的要强，强迫自己像上了发条的闹钟，一刻不停地高速运转。也许，在超负荷的付出中，你会收获金钱、荣誉和成就感，可是美丽、健康和幸福却未必与你同行。有一颗向上的心很美好，可也要权衡得失。真正美好的生活，是有着前进的动力，也有时间去欣赏旅途中的风光，扮靓自己的容颜，让生命形成丰富的七色板，而不是黑与白。

女人不要活得太辛苦，要学会疼爱自己。闲暇时，与三五好友出来大快朵颐；安静的夜晚，泡一杯清茶，在温暖的灯光下读一本好书；或者，什么都不想，什么都不做，悠闲地躺在藤椅上，看灯火阑珊，看璀璨星空，然后做一场美梦。

女人不要活得太辛苦，不必把所有问题都自己扛，亲人和朋友都是你的后盾。累了的时候，靠在亲人的肩膀上休息一下，烦了的时候找个朋友说一场。该坚强时坚强，该柔弱时柔弱，活出自己，活出快乐，做女人就该如此。

你若不爱自己，谁还会爱你

在一场成人礼上，一位单身妈妈在给十八岁女儿的礼物中夹杂着这样的忠告——

"也许你现在还不明白，但终有一天你会明白，青春是女人最宝贵、最短暂的财富。我希望你对自己好一点，多享受年轻的日子，不要太无情，不要反对自己，不要怨恨自己。不管什么时候，走到哪儿，有没有人爱你，你都要记得爱自己。"

一席温暖而终身受用的话，包含着母亲的良苦用心，也是走过岁月沧桑的母亲给不谙世事的孩子的谆谆教导。作家梁晓声曾在一篇文章中写道："倘若有轮回，我愿自己来世为女人。我不祈祷自己花容月貌，不敢做婵娟之梦，我想，我应该是寻常女人中的一个。那么，假如我是一个寻常的女人，我将一再地提醒和告诫自己——决不用全部的心思去爱任何一个男人，用三分之一的心思就不算负情于他们了，另外三分之一的心思去爱世界和生活本身，用最后三分之一的心思爱自己。"

用三分之一的心思爱自己，这样的话，如何不教人动容？可是，有多少女人用三分之一的心思爱过自己？哪怕是四分之一也好。

女人的心思与情感细腻入微，这也注定在人生路上她们会比男人活得辛苦。嫁给了深爱的人，从此开始了牵挂的生活，为爱、为他、为家付出全部的心思，不计较辛苦，不计较回报，只因那是自己的选择，只因那一份爱的承诺。每个月要承受生理期的疼痛，还要承受十月怀胎之苦，好男人可以理解这般辛苦，却永远无法感同身受。

或许，做这一切时候，女人从未有过半句怨言。可当岁月日复一日，带走了那些美好的年华，再也寻不到任何蛛丝马迹时，看到斑白的两鬓，看到岁月在脸上刻下的痕迹，还有那些未曾实现却始终埋藏在心底的梦想时，有几人可以毫不犹豫地说一句：我这一生了无遗憾？

她温柔娇小，胆子不大，怕走夜路。每次上夜班，总是丈夫接送。自从有了孩子，丈夫想送她的时候，她总会拒绝，说自己不怕了。其实，那黑漆漆的夜，还会让她心有余悸。可她更害怕的是，丈夫出门送自己，孩子醒来的时候找不到父母，她宁愿让丈夫守在孩子身边。过去，她偶尔会住在单位的宿舍，天亮了再回家；可现在，无论风寒雨雪，她都坚持要回家，为了第二天给孩子做早饭。

对于家人的各种愿望，她心甘情愿地去满足。让丈夫穿得体面，给孩子买最好的用品，而自己心仪已久的那件外套，始终展示在那家服装店的橱窗里。为了支持丈夫的事业，她承揽了所有的家务；为了满足孩子的兴趣，她省吃俭用给孩子买钢琴。她付出了太多，也牺牲了太多。

她想不起，自己有多久没有去海边看过日出了，有多久没有再光顾一下自己喜欢的西餐厅，有多久没有再为自己买一瓶钟爱的兰蔻香水。直到有一天，她对镜独照，发现眼角竟冒出了鱼尾纹，乌黑的头发中也掺杂着一根银发。忽然之间，她发觉青春的尾巴都已经不见了，而自己在豆蔻年华里，从未真正地活过，为自己活过。

大千世界，没有为自己活过的女人，没有真正爱过自己的女人，不只是她一个。只是，各有各的生活，各有各的苦衷。二十八岁的"芭蕾雨"，在BBS里写到自己的感悟：

与初识的朋友泡茶聊天，本以为她年岁尚小，却不料已年过30。真是汗颜，见到她我才惊觉，原来对自己是那么得不好。她皮肤细腻，略施淡粉，眼角顾盼有神，一头秀发更是乌黑发亮，青绿色的连衣裙外加一件白色镂空开衫，套着她娇小紧致的身躯，怎么看都是清新可人的美女。再看我，长期的熬夜失眠让皮肤黯淡无光，眼角挂着细纹，眉毛不再高挑，眼底还泛着血丝，一身素色的便装，蜷在大班椅上，无疑都在传递着显老的信息。她说，唯有听到我爽朗的笑，才能感到一丝年轻的气息。我不介意这个性格爽直的女子的"提点"，我只是想对自己说一声抱歉。

四年前，我坚定地选择了开一家茶店，学经商，学茶艺，想在这一行里找到自己的价值。曾经，我在一个多月的时间里，瘦掉了15斤，经常每天只睡三四个小时，三餐也毫无规律。有时，为了赶时间，我只用清水洗洗脸就到阳光下暴晒，回到家后倒头睡去，从未想过关照一下自己的皮肤。我没时间也没有心情逛街为自己买两件漂亮的衣服，总是等到有需要了再去买，大多时候都是在为家事、为生意、为生活、为别人操劳。

细细数来，我竟然对自己犯下了这么多的"罪"，也遭受了"报复"——看起来显老，气色不佳，每逢梅雨季节，腰疼得无法言说，贫血、失眠、烦躁、坏脾气……这些问题影响着我，也影响了我的生意。再细想，我有多久没跟他出去看过一场电影，有多久没有依偎在他怀里感受一下小女人的幸福？

这一切好可怕，而如此可怕的事，竟真的发生在我身上。我从什么时候开始不再关心自己，不再爱自己了？我在微博里转发"女人若不会爱自己，等谁来爱"的时候，我对自己做了什么？

弗朗索瓦丝·萨冈曾说："总是有这样一段年纪，一个女人必须漂亮才能被爱；也总是会有这样一段时间，她得被人爱了才更美丽。"每个女人都该将这些话铭记于心。唯有懂得精心地爱自己，才不会畏惧岁月这把无情的雕刻刀，才会在岁月中慢慢蜕变出美如珍珠的光华。

如水的流年里，累了就停下来歇歇，难过了就蹲下来抱抱自己，冷了就给自己一点温暖，孤独了就为自己寻一片晴空。学会好好爱自己，你若不爱自己，没有人会更爱你。

好女人为己而悦,为己而容

世间多少女子,曾为博萧郎一回眸,精心地装扮自己,想用不落俗套的美换得共婵娟的梦。可惜,那般刻意的取悦,未必都能换来"执子之手,与子偕老"的结局。当萧郎成为陌生人,又有多少女子开始自怨自艾。待到红颜老去,蓦然回首,才发觉此生从未好好欣赏过自己的美,这一生都在为取悦他人而活。

某知名女性杂志有一期专访的话题是:如何爱自己,做一个快乐的女人?

一位睿智的女子不加犹豫地答:"让自己时刻保持美丽的姿态,是女人疼爱自己的方式,而不是为了取悦谁的青睐。"不得不说,那是一个真正懂得爱自己又很会爱自己的女人。

她不怕变老,也不怕自己不够好,更不怕别人的不欣赏。她说:"人不可能完美,别人批评我的不完美时,我会一笑置之。我开心我所拥有的,就算无人欣赏,我依然每天打理自己的外表,充实自己的内心,不会在人前活得精致,在人后变得邋遢。我不为取悦谁而装扮,也不为了让谁开心而活。我爱我自己,我的美丽,只是对自己负责。"

她主宰着自己的生活,主宰着自己的世界,主宰着自己的容颜。单身的她甚至略带调侃地说,就算全世界真的没有哪个男人爱上她,她依然会让自己美丽地活着。她坦言,打扮自己的时候,心情很好,哪怕只是穿了一件喜欢的内衣,一双鞋,洒了最爱的香水,她也会由内至外地体会到幸福。这种幸福,不是为了能够吸引谁,而是在装扮中发现自己的美，唤醒生命里的自信。自信的女人，不管长得漂亮不漂亮，也总是美丽的。

世上没有丑女人，只有不懂得经营美丽的女人；世上也没有不幸的女人，只有不懂得取悦自己的女人。每个女人都有美丽的权利，即便留不住岁月，也要悉心经营不老的容颜，让自己美丽地活着，在爱自己的同时享受着做女人的美好。

Effie长着一张精致的面孔，笑起来时有一对浅浅的酒窝，甜美而洋气。她经营着一间小小的书店，里面的装饰像她一样，清新可人。每个周末，总会有个阳光帅气的男孩光顾那里，久而久之，他们成了朋友。熟悉之后，天南海北地聊着，互诉过心烦的事，有意无意地也说起过理想的对象。

男孩说，他喜欢女孩留长发，穿淡绿色的裙子。Effie把这番话记在了心里。从那天起，她没有再剪自己的马尾，她悄悄地把书店的壁纸换成了浅绿色，桌上多了几盆绿萝。这一切，改变得悄无声息，让人难以察觉。

两年后，在一个阳光明媚的午后，男孩领着一位女孩走进了书店。他略带羞涩地介绍，说那是他的女朋友。Effie微笑着和女孩打了招呼，内心充满了不解。女孩一头清新的短发，穿着一件粉色的T恤，白色的短裤。这一切，和他当初说的完全不符。原来，遇到了对的人，一切假设的条件都会自动屏蔽。

那天，Effie早早地关了门。她看着书店里的装饰，看着自己身穿的那件绿色布裙，沉思许久。一周之后，男孩又来光顾书店。他发现书店内焕然一新，墙上是仿古砖的壁纸，音乐是《卡萨布兰卡》，桌上的绿萝不见了，取而代之的是淡雅的雏菊。焕然一新的不只是书店，还有Effie，她穿上自己最喜欢的宽松白衬衫，头发随意扎起，蓬松而不凌乱，又是初见时那副随意而慵懒的小资调。他突然说了一句："你今天看起来很不一样。"

是不一样，因为这样的情调，这样的装扮，是Effie最钟爱的，是她为了取悦自己而精心准备的礼物。她终于明白，不管遇到谁，不管他爱谁，都不能阻挡自己为自己而活、为自己而美丽的脚步。

Effie在书店的每张小桌上都放着一个崭新的留言本，其中一个本子的首页上印着一行隽秀的笔迹——

"女人要学会宠爱自己，宠爱自己的外表，宠爱自己的内心。电影《非常完美》里说，恋爱中的女人是傻子，失恋中的女人是疯子。这些状态都是女人不爱自己的表现，男人喜欢的永远都是那些珍爱自己的女人。"

国外一位知名女星说过："我不怕自己变老，我获得的智慧和成长是上帝送给我的最好的礼物，我不感叹青春的流逝，我只想让自己成为无论几岁都是这个年纪里最棒的女人！"爱自己的女人，懂得取悦自己的女人，无论走到生命哪段时光里，都是最好的状态。

取悦自己，是对生活的渴望，是积极的活法。适时地放下那些无谓的琐事，穿上自己喜欢的衣服，画上精致的妆容，坐在咖啡厅清静的一角，品尝一杯浓香的咖啡，享受它温暖的味道。此时此景，伴着迷人的眼神，浅浅的微笑，轻柔的言语，飘然的步态，找回在自己的世界里做女王的姿态，抹去岁月在脸上留下的痕迹，透出那一抹高贵的气息。

享受生活，从现在开始

黄小琥在《没那么简单》中唱出了女人该有的一种生活方式："感觉快乐就忙东忙西，感觉累了就放空自己，别人说的话，随便听一听，自己做决定。不想拥有太多情绪，一杯红酒配电影，在周末晚上，关上了手机，舒服窝在沙发里……"

生活，不只有柴米油盐，还有咖啡和红酒；不只有苟且和眼前，还有诗与远方。见过太多女子，为了追逐成功，为了金钱名利，为了给家人更有品质的生活，勇往直前，义无反顾，匆匆不闻花香，没有时间去品味生活的美好，终有一天累得再也走不动，卸下了一身的疲倦，才发觉这一生，除了辛苦与疼痛，一无所有。

一位女影星在七十岁的生日上，感慨地对朋友说道："别人都以为我这一生很快乐，过得充实有意义，其实不是。我年轻的时候，就在为成为一个电影明星而奋斗，就像是参加赛跑的马，戴着眼罩拼命地往前跑，除了终点的白线之外，什么都看不到。路上究竟有怎样的奇花异草，我根本不知道。

"几十年后，我有了财富，有了名誉，有了地位，可我依然那么不快乐。我和相爱的男人结婚，有了三个孩子，可我从来没有亲自照顾过他们。我错过了见证孩子走第一步路的样子，没有像普通父母那样出席过家长会，我跟丈夫也聚少离多，最终因感情破裂分道扬镳。我没有时间读自己喜欢的书，没有时间陪孩子去游乐场，没有闲暇和情致到花园去修剪草木。这几十年来，我就像机器一样不停地运转。你们说，这样的一生有意义吗？"

或许，每个女人都乐意享受生活，只是人生短暂，在该享受生活的日子里，家庭和社会的责任让她们在不经意间送走了自己的青春，送走了人生最美的岁月；亦或许，每个女人都有过对生活的憧憬，只是要做的事太多，在该享受生活的日子里，把所有的精力和心血都花在了他人与物质身上，想着等到实现了某个心愿、到了怎样的年岁，再去做自己想做的事。

可是，女人啊，你知不知道，岁月经不起太长的等待，今天就是人生中最年轻的一天。该享受生活的时候，别去找借口，别再等待了。要知道，世界不会因为你而停止转动，生活也不会因为你短暂的休憩而颠覆所有。

三十二岁那年，她成功地进入一家4A级广告公司，担任人事总监。她是个要强的女人，做事一丝不苟，在别人眼里，她已经算得上很出色了。北京大学MBA毕业，一年三次出国考察的机会，公司上下左右逢源，深谙外企生存之道，人际关系良好。

为了今天的一切，她也付出了很多。令人艳羡的业绩，是用休息时间和睡眠换来的。忙起来的时候，一个月睡不了一个安稳觉，吃不上一顿团圆饭。两年的时间里，她没有走进过书店一次，没有跟爱人出去旅行过一回。高薪的工作，并未换来高质量的生活，每天拖着疲倦的身躯，看着大把脱落的头发，经常提笔忘事的尴尬，深夜无法入眠的痛苦，越来越糟的脾气，她不知道该怎么办。家人让她请假休息，可她总觉得年底公司事情多，停下来不可能。

终于，她因为劳累过度，导致先兆性流产。领导特许她休息一个月。再次回到岗位上时，她发现公司运行得很好，一切和她走时没什么两样。那一刻，她总算明白了，世界不会因为她而停止运转，再么拼命地折腾，就是对自己不负责任。

人活一世不容易，女人更是不易，需要牵挂的人太多，需要操劳的事太多。错综复杂的生活，让很多性情美好的女子丢掉了昔日的浪漫情怀，丢掉了对生命细腻的情思。在柴米油盐的日子里，渐渐磨灭了闪耀的光华。其实，享受生活不需要单独的时间，更不能指望来日方长。

站在五十岁的门槛儿前，白洁比多数同龄的女人更懂生活。到了这个年纪，青春已永远成为过去式，可年轻两个字却未曾从她身上离开。因为，她的内心依旧保持着二十岁时的情怀。

不管多忙，她每周会抽出一个晚上去游泳，这份爱好坚持了很多年，也给了她曼妙的身姿；不管多累，她每天都会做上两三道菜，一道菜迁就儿子和丈夫的口味，一道菜做给自己；不管多苦，她都不会让自己邋遢地出门，精致而优雅的气韵，是她作为女人最不愿意放弃的资本。

她爱儿子，爱丈夫，却从不会把他们当做生命的全部。彼此间的关系，是亲人，更是朋友。她不会为儿子没有成为第一而沮丧，她要的是儿子拥有幸福的能力。儿子出国后，她不会隔三差五地打电话，而是悉心安排自己与丈夫的旅行。她深知，两代人该有各自的生活，孩子的路要他自己走，而自己剩余的人生更值得精心规划。有空的时候，她会在温暖的灯光下，品一杯红酒，抗衰老，促睡眠，找回做女人的情调。她始终认为，情调不只是年轻女人的专利，每个年龄段的女人都可以拥有，只要你想。这是一种对生命的体悟，更是对生活的享受。

享受生活，不一定要山珍海味，绫罗绸缎；享受生活，不一定非要远行，跋山涉水。别再说等到什么时候，如果你现在不懂得享受，那么将来亦不会懂得。只要记住，你寻找的幸福不在远处，你渴望的快乐亦不奢侈昂贵，它就在每一个平淡的日子里，就在你精心装点的角落里。

静静地享受一个人的孤独时光

　　电影《美食祈祷和恋爱》中的女主角伊丽莎白，有着一个美国成功女性该有的一切，事业、物质、爱情，统统不缺。三十岁的她表面看起来无比幸福，可实际上，她每天都生活在悲伤、恐惧和迷惘中，一颗心漂浮不定，不知所往。她说："从十五岁起，我不是在恋爱就是在分手，我从没为自己活过两个星期，只和自己相处。"

　　不得不说，很多时候女人害怕独处。独处，意味着一个人面对所有，意味着悲欢喜乐无处倾诉，意味着有可能会被人遗忘。想起那凄美之中略带着沧桑的身影，和那一双哀怨而无助的双眸，就足以让女人们望而却步。所以，她们用忙碌、应酬、恋爱、玩乐填补着空洞的心灵，用吞云吐雾或酒醉微醺让自己感到满足，在特别的时刻因为忧伤投入某个男人的怀抱，甚至会因为迷恋某个熟悉的画面让自己沉醉在回忆中挨过痛苦的一天。这种迷恋会逐渐成瘾，让女人深陷其中，宁愿在一群人中孤单，也不愿体味一个人的狂欢。

　　可是，人生终究是一场一个人的旅行。旅途中的许多光景，注定是要一个人欣赏；生命里的许多味道，注定是要一个人品尝。单身的时候，要一个人承受感情上的空白；有了伴侣之后，也不敢保证他终日陪伴在自己身边；就算是孩子，也会有离开庇佑、独立生活的那一天。

　　就像周国平在《灵魂只能独行》中写到的那样："灵魂永远只能独行，即使两人相爱，他们的灵魂也无法同行。世间最动人的爱，仅是一颗独行的灵魂与另一颗独行的灵魂之间的最深切的呼唤与应答。灵魂的行走，只有一个目标，那就是寻找上帝。灵魂之所以只能独行，是因为每一个人只有自己寻找，才能找到他的上帝。"

女人不该害怕独处，更不该遗忘独处。独处会教你远离红尘，冷静地思考过与失，还能让你把自己放在一个适当的角度深刻解剖。在迷乱、混沌的时候，在生活始终处于一成不变的状况下，脱离现有的困境，暂时搁置沉重的压力、理不清头绪的问题、复杂的人际关系，给自己一个独处的空间，才能寻求到内心真正的平静。

独处的时候，你可以卸下所有的面具、包袱，彻底地放松，让心灵升腾出那份埋藏已久的情感秘密，细细梳理，细细品味，有温馨，有伤怀，有浪漫，有遗憾，品味之后再把它安放到原处，一拿一放之间，快乐便油然而生。

独处的时候，你可以放纵自己的思想，自己的情感，放松那根绷紧的心弦，抚平那些刺心的伤痛。可以流泪，可以呜咽，然后自我安慰，擦干眼泪，露出一抹微笑，继续前行。

独处的时候，你可以任由思绪天马行空，甩开种种枷锁与束缚，心平气和地做自己喜欢的事。静静地画一幅画，轻轻地哼一首歌，怀想一张熟悉的面孔，打开日记本写写人生感悟，用人性的真善去洗涤、过滤灵魂。

一位女作家，出版了一本畅销书之后，一夜成名。此后很长一段时间，朋友们都联系不到她，打电话过去总是关机，家里的座机也无人接听。有人说，她是在故意摆架子，也有人说她是有了名利就忘了朋友。终于有一天，她主动给朋友打了电话。接到电话的朋友诧异地问："你去哪儿了？是不是出国了？还是档期太满了？"女作家很神秘地说："我哪儿也没有去，我在家享受孤独。"

一位女白领，白天游走在熙熙攘攘的人群中，喧闹嘈杂的气息几乎要将她吞没。她最期盼的事是夜幕降临后，远离工作，远离吵闹，回归到自己那四十平方米的小窝，放飞自己的心，什么都可以想，什么都可以不想。捧着一杯香茗，慵懒地翻阅一本好书，写一段关于生活、关于情感的文字。在无声的房间里，关掉手机，远离愿望，感受着一份清静，不需要谁来做伴儿，不担心谁来打扰。每每那时，她都觉得，这个世界属于她，她也拥有了整个世界。

一位女主妇，与爱人在一起生活十余年，彼此间熟悉得像左手和右手，不免会觉得有些乏味。偶尔丈夫出差，她便会感到轻松与兴奋，觉得属于自己的时间和空间来了。她把家里打扫得一尘不染，穿着最喜欢的睡袍，看着最喜欢的电影，和鱼缸的小鱼对对话，或者干脆坐在落地窗旁，眺望城市的夜景，静静地聆听时光流逝的声音，有时竟会莫名地感动。

从她们的故事里，你一定读懂了伍尔芙说的那句话——每个女人都需要一间"屋子"。这间"屋子"，其实就是属于女人自己的空间、秘密花园。在这个特殊的空间里，你可以做自己想做的事，没有人打扰，没有人责怪，而开启这间"屋子"的钥匙，正是独处。

如果说一群人的世界是热情洋溢，两个人的世界是温暖浪漫，那么一个人的世界就是悠然自得，当然也可以精彩无限。回忆走过的岁月，你是否真正享受过独处的时光？你是否真的把自己当成过贴心的朋友，诉说着潜藏在心灵深处的秘密？

你若放弃了独处的机会，就等于放弃了那一片精神的乐园。找个机会，让自己享受一下孤独吧！你会惊奇地发现，一个人的时候，可以用寂寞做一次短暂的小憩，抖落满身的尘埃，让心情沉浸在宁静悠闲中，换一份纯净与清澈，得一份宁静的淡然；你还会发现，一个人的时候，可以抛却生活的浮躁与喧嚣，到那时，你会真正地悟出，独处是一种享受生活的美，一种感悟人生的美，一种真性情的美。

真喜欢一件东西，自己买给自己

安妮宝贝说："要做一个内心强大的女子。碰到喜欢的东西，要自己买给自己。不可以寄希望于男人，否则会失望，或者会不珍惜。"

M向往大朵大朵的红玫瑰，看到电影里那一幕幕真情告白的场景，希冀着有一天能遇见一个目光温暖的男人，抱着一束玫瑰突然出现在自己面前。二十九岁生日时，她收到了梦中的玫瑰，只是那送玫瑰的人并不是她所中意的人，想象中的那一份感动与骄傲，始终是镜中花、水中月。

此后，M再没有疯狂地期盼过谁给自己送玫瑰，就连丈夫也如是。想要花香的时候，她会自己到花店买一束清新的百合，放在喜欢的竹藤圆茶几上，随时嗅一嗅它的芳香，提醒自己做个幸福的女子。她享受那一束花带给自己的情调，带着丝丝的浪漫，透着微微的感动，漾出缕缕的温存。那是一个女人给自己的一份心疼、一份宠爱、一份慰藉，也是一个女人在物欲横流的时代中，留在心底深处最柔软的生活情调。

Z看上一条精美的锁骨链，她总觉得，这样的东西不能自己买，要心爱的人送给自己才有意义，才能切身地感受到被爱的幸福。于是，Z在他面前无数次地念叨，希望他能灵光一点，主动买给自己。可惜，粗心的男人不懂Z的心，他以为Z只是想败金，却不知她要的是那份心情。

终于有一天，Z央求着他陪自己去珠宝店，买回了那条隔着橱窗看过三五次的铂金锁骨链。可是，锁链戴在脖子上的那一刻，她完全体会不到任何的心动与满足。反倒是那只戴在手上的、花了自己一个月工资买来红宝石戒指,更让她觉得温暖与骄傲。

之后,每每被人问及这两件首饰是谁送的,她蓦然发现,说爱人送的像是在炫耀,说自己买的却能赢得羡慕。是啊,自己买给自己,这是一份多么高傲、多么美丽的生活姿态!

J想去西藏布达拉宫,感受一次心灵的净化。从未独行过的她,希望有双强而有力的手,拉着她去看看外面的世界。遇见他的时候,他信誓旦旦地说,会带她去想去的地方,看想看的风景。可惜,誓言与承诺总是有口无心,从陌生到熟悉时,曾经说过的话,他已经不记得了。没时间、没有钱、没兴趣,一切都成了失信的理由。

一个阳光明媚的日子里,J终于不再等待。她想起安妮说的那段话:"为何要在茫茫人海寻找灵魂唯一之伴侣,自己是唯一伴侣,他人不过是路边风景,就如你坐在火车上,看得到风景在出现,消失,又出现,一直此起彼伏,那是因为你在前进。你只能带着自己去旅行。对他人,可以善待,珍重,但无需寄予厚望。没有人可以解决我们的内心。"是的,自己想要的,自己想做的,自己去实现。她买了那张渴望已久的车票,坐上去拉萨的火车。

V从未希冀别人送给自己什么,只是迫于生活的压力,想把更多的钱留下来,给孩子做教育资金,给丈夫开一家店,而吝于给自己买一件喜欢的东西。图书馆附近的琴行里,那架白色的钢琴,她从门口看过无数次,每次只停留几秒钟,便又轻轻握一下拳头,阔步离开。

直到后来,她遇见多年未见的好友,那个温婉的女人请她到美容院放松。她第一次体会到,做女人真好。好友告诉她,未雨绸缪是一份负责任的生活态度,可是不能太过。女人这一生可以吃一点苦,受一点累,但是心不能苦,生活不能辜负。最好的生活方式,是一边计划未来,一边享受现在,哪怕只是小小的享受,也比熬成正果,坐拥豪宅,却只剩下一颗苍老的无法再享受的心要好。

走出美容院后,她又到了那家琴行,坐下来用那架白色钢琴弹了一首曲子。谁也没想到,一位三十几岁穿着普通的女人,竟然能够弹得一手好钢琴。就连她自己都忘了,当年在大学读书时,她也是校内的文艺骨干。在悠扬的琴声里,她感谢与自己重逢的好友,若不是她,或许自己这辈子都不会再弹琴了,更不会想到,做女人要宠爱自己。

那天,她买下了那架白色的钢琴,当作送给自己三十岁生日的大礼。钱是花了,可她的心却一下子变得从容了。她知道,真正的生活才刚刚开始。

女人,要学会为自己活着,更要学会为自己负责。紧张和吝啬会养成习惯,不要等到不能享受了,再来享受生活。喜欢一样东西,用自己的能力去得到没什么不合适。

想看一场音乐会,那就干脆买票优雅地进场,只要在第一时间听到想听的声音,丰富生命的内涵,那就不算浪费;想买一件蚕丝睡衣,那就在自己能够承受的条件下,为自己买一套,不要再拿旧衣服当睡衣穿,它会让你感受不到生活的品质,也会让爱人觉得你没有魅力;想买一套护肤品,花一部分工资成全自己,脸上的钱不能太节省,青春是无价的,等有一天你有足够的钱了,想要再美美地保养时,却是花再多的钱也买不回娇颜了。

女人的幸福,冷暖自知。不要奢望谁能永远知你的心,不要希冀谁能第一时间给你想要的生活。若真是想要一件东西,想体验一种情调,那就自己成全自己。自爱,无须等待。

身体与灵魂，总有一个要在路上

穿梭在拥挤的人潮，时间久了，心灵亦会被蒙上一层厚厚的尘埃，压抑着人的情感，遮盖着心的方向，让人在不知不觉间迷失自我。爱自己的女人，此时会给自己寻找一个宣泄的舞台，让自然的空气荡涤心灵，让自然的风雨洗掉尘埃。

独自一人走在路上，看陌生的风景，遇到陌生的人，那种充实与满足感，是一种特别的人生体验。那不是一场简单的行走，而是在行走中寻求精神世界的富足，借助行走的时光来感悟生活、感悟生命。找到了自己的精神世界，就不用再借助外界的一切来填补心灵的空虚。

年轻时，她以为自己要的，不过是一个体贴的丈夫，一个可爱的孩子。可是，婚后的她却发现，自己既不想要丈夫，也不想要孩子。人是自由身，心却置于牢笼，她像被什么东西拴住了一样，动弹不得。这种纠结，让她每天生活在悲伤、恐惧和迷惘里，除了累还是累。

某天清晨，她走在上班的路上，忽然下起了大雨。被大雨淋透了的她，突然忍不住大哭起来。她没有去公司，窝在家里躺了一整天。她脑海里突然冒出一句话："一辈子总该有那么一回，无所畏惧地背起行囊去独自旅行。"为了给自己时间和空间想清楚，她给上司发了一封E-mail。她收拾好行囊，给丈夫打了一个电话，说自己想出去散散心。这一走，就是两个月。

她没有到其他的大城市，而是选择了清静的郊外。在那里，没有城市里的车水马龙，没有匆匆忙忙的步伐，一切都是那么自然，那么淳朴。她住在一间别致的农家院，享受着纯天然的农家饭，偶尔骑车到附近的海边散心，或是跟着农民们一起下田。晚上在房间里，她听着喜欢的音乐，看着自己喜欢的书，感觉到了灵魂的重生。

一个月的时间，她走进了自己的精神世界，洗涤了她那颗污浊的心。她突然发现，自己从来没有认真地享受过这份轻松惬意的心境。在旅行的日子里，她和自己的心灵进行了一次沟通，为躁动不安的灵魂寻回了久违的宁静。旅途结束的时候，她突然想起了丈夫，想起自己的家。她萌生了一种想念的思绪，也终于明白，自己不是不爱，只是从前靠得太近，忘了给自己的心留一片缓冲的空白。

感觉生活太疲惫，理不清头绪，想暂时地喘息一下，不妨带上灵魂出去走走。只是，千万别以为生活在远方，奢望着在旅行中找到快乐。要知道，心灵上的束缚和压抑，不是换一个地方就可以改变的，你若不能在旅途中寻回自己的心，那么走得再远也是徒劳。女作家苏岑曾经说过一句话："走遍了全世界，也不过是想找一条走向内心的路。"想借助旅行缓解身心的疲惫，那就要明白旅行的"意义"，以及带着什么样的心去旅行。

真正成熟并懂得生活的女人，看风景用的不是眼睛，而是心灵。

惠子是一个始终"在路上"的女人，山水洞石、亭台楼阁、花草树木、飞禽走兽，自然中的一切在她眼里，都有钟爱的理由。不解的人总说：外面的城市有什么特别，灵隐寺没比家乡的寺庙高明多少，家门口的景区湖也不比滇池差多少，何必要跑那么远？

这些年，这样的话，惠子听过太多。她不解释，一笑置之。山水湖泊，庭院阁楼，是有太多的相似之处，可它们的气质不同，文化底蕴不同。有些女人去旅行是为了增长见识，富足心灵；有些女人去旅行只是为了拥有炫耀的资本，告诉众人天涯海角我已去过，如此而已。惠子的旅行，更多的是心灵的充实，唯有文化底蕴深厚的地方才能留住她的脚步。她深信，真正懂得生活的女人，看风景用的不是眼睛，而是心。

旅行的日子里，惠子从不带相机，手机也总是关闭，她只想避开尘世的纷扰，理一理心中的污秽，去一去世俗的浮躁，忘却生活的烦恼。坐在一望无际的海边，身处清幽的小径，站在一览无余的山顶，她任由思绪天马行空，再回归心灵，体会到那个真正的自己。此间快意，无以言表。

旅行的日子里，不用看电脑，不用关注今天房价涨了没有，不用关心娱乐圈里谁又有了新绯闻，不用担心朋友会在"做梦"的时候用电话铃把自己吵醒。等到收拾好心情回去之后，才发现身边有了太大的变化：银行减息了，油价降了，男友加薪了……惠子淡淡地笑：生活，竟是那么惬意。

微博上流传着这样一段话："人一定要旅行，尤其是女孩子。一个女孩子，见识很重要，你见得多了，自然就会心胸豁达，视野宽广，这会影响到你对很多事情的看法。旅行让人见多识广，对女孩子来说更是如此，它让你更有信心，不会在精神或物质世界里迷失方向。"

把心情注入音乐，那是天使的语言

夜晚，在游轮的酒会大厅，他深情地弹奏着，钢琴随着飓风大浪左右摇摆，在光滑的地板上，合着音乐的节拍，左右不停地转圈、滑行。他的身心与音乐，与轮船，与大海，紧密地融合在一起。他是个奇异的音乐家，可他拒绝发布音乐胶片，他说他的人和音乐不可以分开。最后，当废船被炸毁时，他毅然选择与船、钢琴、音乐，一起沉没于海底。

这是《海上钢琴师》中的片段，也是凌夕第三次看这部电影。她像电影里的主人公1900一样，爱钢琴，爱音乐。之所以学钢琴，都是受母亲的影响。母亲是一位音乐教师，可惜在一次事故中不幸失去了左臂。出事后，她无意间看到母亲望着钢琴泪流满面的样子，她知道，母亲是在缅怀她失去的"挚爱"。从那时起，她便想要学钢琴，去弹奏母亲亲自谱写的曲子。

眨眼间，钢琴已经陪她走过二十个春秋。她和母亲合作了几十首曲子，也让母亲在她身上感受到了生命的希望。更重要的是，音乐给了她一份温和的性情、不凡的气质和自爱的心境。

闲暇时，伴着温暖的阳光，静静地坐在窗前，弹奏一支舒缓的曲子，融化了心情，感受到的是满满的甜蜜。有音乐的日子，她从未觉得生活空洞乏味，在别人抱怨无聊的时候，她总能把时间安排得刚刚好。

寂寞时，她不会用网络游戏打发时间，也不会去泡吧做夜归人，更不会为了告别孤独的日子而随便恋爱。她会找知心的朋友聊天，会出去逛逛街，买点心爱的玩意儿。再或者，干脆就在家里闭着眼睛弹琴，任时光在指尖溜走。这份自爱，这份沉稳，让她变得愈发淡然。她知道，在这个充满诱惑而又浮躁盛行的年代，耐得住寂寞的女子，才能守得住繁华。

愤怒时，污言秽语不会从她口中出来，尖酸刻薄的姿态也不会显现在她身上。她宁肯给自己放一张《生命交响曲》的CD，在跌宕起伏的旋律中，慢慢释放心里的毒素。而后，长舒一口气，对着镜子微微一笑。人生苦短，何必那么较真？

伤心时，躲在房间哭一场，放一首忧伤的歌。哭过之后，换上一张励志的CD，让一切重新开始，告诉自己，没什么大不了。音乐就像是治愈伤痛的一剂良药，不用求得谁的安慰，它自会让你找到共鸣，为心指引方向。

凌夕爱生活，爱音乐，爱自己。音乐改变了她的人生，带给了她无尽的感慨，而她也乐于用音乐去安慰身边的女伴。

女友琳失恋之际，趴在她的肩头痛哭。那一刻，任何安慰的话语相较一个女人三年的真心付出，都显得苍白无力。她什么也没说，静静地放了一首陶晶莹的《女人心事》：

"曾经，我也痛过，我也恨过，怨过，放弃过，在自己的房间里觉得幸福遗弃我，如果没有分离背叛的丑陋，怎么算是真爱过？请你试着相信一爱再爱，不要低下头，别怕青春消失，就不信单纯的美梦，我在这岸看着你，又为你的坚持感动，你会的，有一天会幸福的……"

透着伤感却又充满希望的音乐，把她想说的一切都说了。这样的安慰，这样的祝福，比起跟她一起咒骂负心离去的他，更能安抚她那颗千疮百孔的心。临别之际，她拿了一张CD给琳，是班得瑞的钢琴曲，她最喜欢的一张碟。她说，如果言语安慰不了自己，就让音乐来安慰自己，没有歌词的音符，你可以随意地想象，把回忆、把难过都放到里面，它会随着音乐慢慢散去。

深夜，琳窝在靠窗的沙发上，开着一盏淡紫色的小灯，手里端着半杯红酒，耳边响起了班得瑞的《初雪》，刚好外面的天空正飘着雪花。她打开窗户，一片晶莹的雪花飘落在她脸上，冰冰凉凉的，让她顿时了清醒了许多。

注视着外面渐渐白亮起来的世界，跟着轻缓的音乐，她彻底掏空了所有的想法。此刻，脑子里没有他，没有过往，没有悲伤，只有音乐，只有雪花。一首歌之后，她突然感觉，白天那乱糟糟的心绪变得缓慢、平静。

曾经有人说："生活的苦难压不垮我，我心中的欢乐不是我自己的，我把欢乐注进音乐，为的是让全世界感到快乐。"女人的生命里不能缺少音乐，它是天使的语言，最容易触动心灵，带来至美的享受。音乐可以把灵魂深处的本质力量完整地呈现出来，给心灵最好的滋养。

人生的旅途中，不是所有的话都能够找到倾诉的人，不是所有的心情都能与人言语，更不是每个听者都能懂得你真实的感受。纷纷扰扰的尘世中，每个女人都该给自己最好的宠爱，寻找心灵的安慰，闯过生命的阻拦，抵达平静的彼岸。当音乐响起，所有的喧嚣戛然而止，不美丽的心情会随风而散。茫茫人生路，音乐就像一位最忠实的朋友，与你朝夕相伴，让你的心绪恣意地流淌。

空虚寂寞的时候，听听贝多芬的《命运》、圣桑的《死的舞蹈》，还有斯特拉文思基的《火鸟》第一乐章，跌宕起伏的旋律，富有激情的演奏，会让你摆脱不安的心情；紧张焦虑的时候，听听格什文的《一个美国人在巴黎》、贝多芬的《A大调抒情小乐曲》，极端放松又松弛的音乐，会给心灵松绑，释放紧张的思绪；沮丧低落的时候，听听优美的轻音乐，施特劳斯的《圆舞曲》，让你的情绪放松，贝多芬的《奏鸣曲》和柴可夫斯基的音乐，让你在沉思与反省中，认清自己，摆脱烦恼。

在梦里，在爱里，在无限无知无我的思绪里，让音乐缓缓流过，演绎出你曾经想象却难以捕捉的画面。爱自己的女人，不会丢下音乐；爱自己的女人，会在音符中得到神圣的陶冶，会在时光的流波中永存希望。

一杯咖啡的时间，一份慵懒的幸福

曾有人说，女人像咖啡，不同的特质，犹如咖啡不同的种类。

浪漫是Cappuccino（卡布奇诺），涌起细腻、可爱的泡沫，给人无尽遐想的空间，香醇回甘令人陶醉；韵味是蓝山，优雅动人的体态，悠然的味道，是映在眼睛里、刻在心里的倒影，百转千回；娇媚是哥伦比亚，若有若无，若隐若现，悄无声息地打扰了安静的灵魂，却让灵魂再无法平静；温柔是巴西山度士，温和清爽，像一位含蓄而充满内涵的朋友，在需要的时候给你安慰和平抚；坚强是Espresso（浓缩咖啡），在生活的压力下榨出独特的味道，尝起来是浓浓的苦，想起来却是淡淡的香。

其实，女人不只要像咖啡，女人的生活更需要咖啡的情调。

小资女木棉，经营着一家美式乡村风格的咖啡馆。经典的乡村音乐，让走进咖啡屋的人顿时感到轻松。她说，她爱自己，爱音乐，爱咖啡，爱情调。这间咖啡屋，是她的生意，更是她的栖息地。提及她的咖啡情缘，她缓缓地说——

那是七年前的事了。我下班后，去了朋友推荐的咖啡屋。一下车，就完全被浓郁的咖啡香气吸引了。马路对面是一片青草绿地，混合着这股香气，让我感觉一天的疲倦都消失了。也许，我骨子里就是一个爱浪漫的人，我总觉得，闲暇的时候去喝咖啡，是女人宠爱自己的方式，是一种情调。

咖啡屋的把手是木头的，玻璃门上挂着一块木质的牌子，上面刻着一行英文：Coffee and Life（一杯咖啡，一种生活态度）。进去之后，感受到的是橘黄色的灯光，看到的是五颜六色的咖啡包装袋，墙上和地上都印着咖啡文化。我第一次觉得，咖啡竟然可以这样美。

晚上，咖啡屋里的客人进出不断，老板特意播放着比较欢快的爵士乐。我找到了一个角落坐下，点了一杯摩卡。这里的服务生很有特色，不是普通的雇员，而是喜欢情调、喜欢咖啡、喜欢美语的自由职业者。原来，这家店的老板是一个美国小伙。服务员耐心地给我介绍着咖啡文化，说每种豆的不同口味，并且根据我的口味帮我挑了一款偏甜的豆。可以说，这又是一次惊喜：我除了可以挑选咖啡的种类，还可以挑选不同的咖啡豆。

品着咖啡，听着音乐，望着降临的夜幕，灯火辉煌的街头，一种惬意感、幸福感油然而生。工作的烦恼，生活的压力，在这一刻都化为了乌有。我有点爱上这种感觉了。一杯咖啡快喝完了，我却意犹未尽。我突然觉得，这不仅仅是喝一杯咖啡，而是在享受一种氛围、一种情调。更重要的是，比起逛街购物犒劳自己而言，这种慢节奏的放松，让我的心更平静。

从那天起，我就想开一间自己的咖啡屋。我不是随意说说，也不是为了逃避生活而突然萌生的念头。之后，我就开始利用业余时间学习有关咖啡的知识，也经常来这间咖啡屋和热情的美国老板交流。他很好，教了我很多东西。两年之后，我利用这几年的积蓄，外加向父母借来的一些钱，开了自己的咖啡屋。

坐在这里，看着柔和的光线从墙上精致的壁灯里流泻出来，耳边响起清新的乡村民谣，轻轻地诉说着纯粹的情怀。在这样的氛围里，来一杯浓香的咖啡，让夹杂着苦涩的芬芳传遍身体的每一个细胞……那一刻，我觉得，做女人真好。这样绝美的情调，这样细腻的情思，唯有如水的女人，唯有懂得生活，懂得宠爱自己的女人，才可以感受得到。

来一杯咖啡，品味苦涩，品味浓香，品味生活，品味自己。在生活的繁忙中，抽身而出，卸下伪装与疲惫，无比惬意地端起一杯咖啡，将快乐或伤感的心事融合在咖啡的味道里，静静地沉淀，慢慢地怀想，把一杯咖啡喝得悠深绵长。这样的女人，无疑是最有情调的女人。

木棉说，咖啡就像有内涵的女人，需要细细地品味。她曾见过，有些年轻女孩因为赶时间，又不想直接点冰咖啡，就在热咖啡里加冰。出于尊重，她并未说什么，只是她希望每一位享受咖啡的顾客，都能真正地了解咖啡，会品咖啡。

后来，她在咖啡屋的书架上，放了许多自制的咖啡馆期刊，里面附着品咖啡的讲究——

不管咖啡豆的品质多好，冲泡技巧如何高明，若不趁热去品尝，都无法感受到咖啡原本的风味与口感。冲泡咖啡时，为了保证咖啡的味道，她总会把咖啡杯在开水中泡热，而在摄氏83度的那一刹那冲泡咖啡，倒入杯中时刚好80度，到口中时62度左右，最为理想。

咖啡端上来，先要尝一口纯咖啡。因为每一杯咖啡都是经过五年生长才能够开花结果的咖啡豆，经过一系列复杂的工序，再有煮咖啡的人悉心调制，若不趁热品一口不加糖、不加奶的纯咖啡，实在可惜。好咖啡微苦，口感醇厚，由奶香到咖啡香，层次分明。

咖啡匙如何用，是一个细节。木棉见过许多女孩，把咖啡匙当成小勺来舀咖啡。经常喝咖啡的人都知道，咖啡匙只能用来搅拌咖啡，搅拌后要将其放在一边。

喝咖啡时配一些点心，但不能一手端着咖啡，一手拿着点心，吃一口喝一口的交替进行。喝咖啡时放下点心，吃点心时放下咖啡杯。不要说这是矫揉造作。真正优雅的女人，不管何时何地，都会留一份精致的姿态。

舞蹈皇后杨丽萍在《云南映像》中，用空灵的歌舞诠释出了女人的心声：太阳歇歇，歇得呢！月亮歇歇，歇得呢！女人歇歇，歇不得……肩膀上担负着双重的责任，少有自己的时间和空间。

女人啊，适当的时候，逃离一下繁忙与琐碎吧！再忙再累，也要给自己挤出一点时间，给自己留一块精神的领地。给自己煮一杯温热香浓的咖啡，或者在阳光满满的日子里，找一间别致的咖啡屋，在袅袅的香气中调整情绪，宠爱一下自己。品的是一杯咖啡，收获的却是满满的幸福。

用爱塑造生命，用爱滋养心灵

午后，阳光透过落地窗，满满地洒落在林媚的身上，一股温暖的气息弥漫着。咖啡、慕斯、音乐、知性女子，与精致的家居完美融合。这样的慵懒时光，最适合来一场心灵的盛宴。

她是一位专栏作家，最喜欢与女人、生命和幸福有关的话题。打开邮箱，她开始给读者一一回信。关于那些恭维的话，她通常很少回应，至多是在微博上公开地说一声谢谢。她喜欢有故事的人，更喜欢那些与自己谈论人生的人。

QQ鱼问："你说，生命中最重要的东西是什么？"说实话，突然间被人这样问道，她一下子怔住了。这个问题，也是她一直在思索的。恍然间，她想起了自己刚刚读完的那部小说。

那是一战时期发生在欧洲战场上的一个故事。当时，德国与法国展开了激烈的交战，双方的伤亡都很惨重。在清点伤亡的士兵时，医护人员人手不够，只能先抢救那些尚有痊愈可能的伤员。见到那些伤势过重、难有生还可能的士兵，就算心里再不落忍，也不得不放弃。

一位伤得严重的法国士兵，倒在地上不能动弹，不能讲话。医生检查了一下他的伤口，表情凝重，遗憾地摇了摇头，说没有办法了，他伤得太重，可能挨不到明天了。说完，医生转身离开了，去巡视战场上其他的伤员。

尽管那位法国士兵不能动、不能说话，可他仍然还有意识，他的大脑是清醒的。医生的话，他全部听到了。他的内心焦灼不安，无声地呐喊着："我不想死，求求你救我……救我！"可是，没有人听得到他的心声，也没有任何人阻止他们离开的脚步。他躺在地上，充满了绝望。

夜深了，凉了。他感觉死神正在一步步向自己逼近。他的内心充满了恐惧，更多的是遗憾。他多么想活着啊，多么想念那些他牵挂的人啊——美丽的妻子，初生的孩子，她们都在等他回家。他的眼皮很沉，不停地往下垂，可他同时也知道，如果自己睡去，可能永远都不会再醒来，永远也见不到妻儿了。为了让自己保持清醒，他强忍着疼痛的身躯，回忆着往事。

十七岁时，他遇见了她。在明媚的阳光下，她金黄色的头发闪闪发亮，一双清澈而明亮的大眼睛，闪烁出清纯与友善。他爱上了她。他们第一次约会，第一次拥吻……最终，她接受了他的求婚，他高兴得近乎疯狂，恨不得让全世界都知道自己有多幸福。婚后不久，他们有了一个可爱的孩子。抱着刚出生的娇柔孩子，他激动，又骄傲。他默默地告诉自己，一定要尽最大的努力培养孩子，让他接受最好的教育，快快乐乐地长大……

现在，这一切都还没来得及实现，他却已经躺在战场上，等待着死亡。他的身体不能动弹，可他的心却在狂乱地跳动，有一股力量支撑着他，提醒他：要活着，要活着！不能让亲爱的她年纪轻轻就守寡，不能让孩子还不记得自己的模样，就永远地失去了父亲。

难熬的黑夜渐渐退去，天空露出了鱼白。医护人员再一次巡视战场，发现他一息尚存，惊讶地喊道："天呐，是昨天的那个人……他竟然还活着，简直就是奇迹！"很快，他们把他抬回了后方，经过一番治疗和照料，法国士兵恢复了健康，最终回到他日夜思念的家乡，回到妻儿的身旁。

回味这个故事时，阳光温暖而甜美。她感觉到，自己的心灵正在爱的渲染中慢慢提升，愈发地靠近阳光。她给提问的读者回了一封 E-mail："回答这个问题之前，我想先对你说一声谢谢。谢谢你，给了我一个思索生命、思索幸福的机会。我想，生命中最重要的东西是——爱。"

小草爱阳光雨露，这份爱让它用柔弱的身躯穿越了厚厚的泥土；母亲爱孩子，这份爱可以让她在危难面前超越自己的极限。有爱的心灵，不会有怨怼，不会有嘲笑，更不会有残酷和冷漠。

我们的心灵，从来都不在它生活的地方，一直在它爱的地方。爱别人，也被别人爱，这就是一切。为了爱，我们才存在，有爱慰藉的人，无惧于任何事物，任何人。

女人的情思比男人细腻，这是上天的恩赐。所以，女人该利用好这一份特殊的礼物，不断地感知美好的事物，让心灵不断地享受爱的滋养。这一切，没有谁能够帮助你，只有依靠着自己，循着自己的心，才能够抵达爱的彼岸，遇见幸福。

生活就像是一个美丽的三棱镜，而爱就是三棱镜里那最美的图案。怀着爱的情感、用爱的眼光看世界，就能发现美、感受美。女人不要太注重物质表现，要多关注一下心灵的感受。每天留出一段时间，听听内心的声音，释放对爱的渴望，与自己平等交流。很多时候，感动心灵的未必都是慷慨的施舍、巨大的投入、雪中送炭的情谊。偶尔，一个热情的问候，一个甜美的微笑，也足以给心灵洒下一片阳光。

女人的幸福，冷暖自知。别把爱想得太狭隘，这世间四处都有爱，都有幸福，只等着你去寻找，去遇见。发现爱，体会爱，在绝望中找到指引方向的明灯，给生命带去希望。

Chapter 4

绽放生命之花，拥有活跃的能力

女人如同一朵花，活着，就要让自己的美丽骄傲地盛开，而不是皱着眉头加速衰败和凋零。快乐是女人的权利，也是女人要拥有的能力。活出自己的价值，从青丝到白发，让生命的每一刻都惊艳如初。

只要你爱，生命之花永远傲然盛开

　　她一生中见过的多数花都是在病房里，见花开花败，见人生人死。

　　她是外科医生。在一次与死神较量失败之后，她无意间看到，病人的床头柜上放着一束花，娇艳地盛放着，美丽妖娆，浑然不知主人的离去，黑色的花蕊像一只只冰冷嘲弄的眼睛。花朵的盛开，生命的陨落，形成了鲜明的对比，充满了讽刺与悲凉。自那以后，她便不再爱花。

　　周围的人并不知道她所经历的、见到的，也不知道她内心对花的偏见。有个病人，在初次见面时就送了她一盆花，她心里不喜欢，却不忍心拒绝。或许，是病人纯粹的笑容感染了她；或许，是因为她心里清楚，除非有奇迹发生，否则医院会是他人生的最后一站。

　　那天，这个病人没有听她的话，和儿科的小病人们玩游戏，累得大汗淋漓。她责备他，他却做了一个鬼脸，吐了吐舌头。傍晚，她的桌上多了一盆花，三瓣紫黄红的花瓣斑斓交错，很像展翅的蝴蝶。花盆旁边有一张纸条："医生，你发脾气的时候一点儿都可不爱，知道像什么吗？"她忍俊不禁。

　　第二天，她的桌上多了一盆花，是小小园圃的一朵朵红花，每一朵都是仰面的一个"笑"："医生，你知道你笑的时候像什么吗？"他告诉她，昨天那种花叫三色堇，今天的花叫太阳花。

　　阳光把竹叶照得透绿的日子里，他带她到附近的小花店走走，她这才恍悟，世上竟然有这么多种花。玫瑰深红，康乃馨粉黄，郁金香艳异，马蹄莲幼弱婉转，栀子花香得销魂，而七里香更是摄人心魄。她也惊讶他谈起花时绽放光芒的眼睛,那眼神里没有病痛,没有恐惧。

他问她,喜欢花吗?她说,花没有感情,不懂得爱。他笑着说,花的情唯有懂的人才明白。

一个烈日炎炎的正午,她远远地看见他在住院部后面的花园呆站着,走进喊了他一声,他连忙回身,食指掩唇:"嘘——"那是一株矮矮的灌木,缀满了红色灯笼般的小花,每一朵花囊都在爆裂,无数花籽像小小的空袭炸弹向四周飞溅,像是一场密集的流星雨。她没再说话,在寂静的时光里,他们共同见证了生命最辉煌的历程。他蹲下身,捡了几粒花籽装进口袋。

第二天,他送了她一个盛满了黑土的花盆,并夹了张字条:"这种花名叫死不了,很容易养活,过几个月就会开花——可惜,那时我已经不在了。"她心里突然涌起一股悲伤,还有一股倔强,她想证明命运并非不可逆转的洪流。

几天之后的深夜,她值班。铃声响起,她一跃而起,冲向他的病房。他始终保持着清醒,对周围的每个人,父母、兄弟、亲友,以及所有参加抢救的医护人员说:"谢谢你们。"脸上的笑容,像是刚刚展翅便遭遇风雨的花朵,渐渐凝成化石。她知道,已经没有希望了。

他离开后,她每天给那一盆光秃秃的土浇水,之后她参加医疗小分队去了贫困地区。她打电话回来问及那个花盆,同事说:"看什么都没有,以为是废用的,扔到窗外了。"她怔住了,有些失落,却什么也没说。

回来已是几个月后,她打开自己桌前久闭的窗,顿时震住了。花盆里有两株瘦弱的嫩苗,像是病中的孩子,一阵风就能把它吹倒似的。最高处,却是娇羞的含苞,透出一点红,像是跳跃的火苗。

这一次,她懂得了花的情意。易朽的是生命,就像转瞬即谢的花朵;可永远存活的,是对生命的渴望,是一份生生不息的热情。生命再短暂,也压不垮一颗不屈不挠、热爱生命的心。无论一生长与短,只要你爱,生命之花便永远傲然盛开。

生命不可重来，谁也无法预知生命的时间，可正因为此，它才显得如此可贵。艾青先生在《我爱这土地》一诗中写道："为什么我的眼里常含着泪水？因为我对土地爱得深沉。"生命如同晴天里的一轮太阳，五光十色，分外耀眼，而爱则是架在蓝色天空下的那一抹彩虹，光彩夺目。太阳由于彩虹的映衬，更显生机，而生命则因爱而更加精彩。

根据美国"奇迹女孩"莉丝·默里的亲笔传记《Breaking Night》改编的电影《风雨哈佛路》，曾经震撼了亿万人的心。

莉丝八岁开始乞讨，十五岁时母亲因为吸毒感染了艾滋病身亡，父亲酗酒进了收容所，外公不肯收留她，只能流浪。她成长在一个脏乱的环境里，周围的人要么吸毒，要么自甘堕落，姐姐也步上母亲的后尘。

然而，这一切都没能磨灭她对生命的热爱，她更不愿让自己就此沉沦。她说："我知道外面有一个更好更丰富的世界，而我想在那样的世界里生活。"

她以真诚争取到了参加进入中学的考试机会，以非凡的毅力用两年时间读完十门课，最后又以她的经历、她的真诚、她的一言一行，得到了一万两千美元的奖学金，成功地走进了哈佛，改写了生命的剧本。

女人啊，要活得精彩，就要由衷地热爱生命。不管什么时候，经历了什么事，都要坚信生活的美好。在失意的日子里，念一首《热爱生命》的小诗给自己听——

我不去想是否能够成功 / 既然选择了远方 / 便只顾风雨兼程

我不去想能否赢得爱情 / 既然钟情于玫瑰 / 就勇敢地吐露真诚

我不去想身后会不会袭来寒风冷雨 / 既然目标是地平线 / 留给世界的只能是背影

我不去想未来是平坦还是泥泞 / 只要热爱生命 / 一切都在意料之中

你的笑是一缕阳光，温暖了整个世界

世间多少女子，曾懊恼过自己的出身与容貌，懊恼过生活加之于己的伤痛记忆。可是，在歇斯底里、自怨自艾之后，却发现生活依然按照它的步调继续前进，伤痛在反复中依然存在，容颜在哀怨的泪水下更加黯然。或许，身为女人，该学会的不是抱怨，也不是妥协，而是悦纳。

女作家冰心说："不是每一道江河都能流入大海，但不流动的一定会成为死湖；不是每一粒种子都会成为参天大树，但不生长的种子，一定会成为空壳。活着，是生命的一种形式，而微笑却是生命中最美的花朵。"

纵然无法选择容貌，无法选择出身，但这都不应成为自卑的理由。生活是多棱镜，你看不到的那一面，或许正映射着光芒。用微笑面对生活的女人，在寒冷的冬季能感受到春日阳光的温暖，在漆黑的午夜能发现希望的曙光。要记住，爱笑的女人，运气不会太差。

闹市的繁华路口，有一家精品花店，一个月内换了三位"经营者"。不是生意不好，而是女老板在寻找最合适的"卖花姑娘"。她给出的薪资，与这座城里的高级白领的薪资不相上下，招聘广告发布后，应聘者络绎不绝。几番交流沟通后，老板留下了三位女子，要她们每人经营花店一周。

A在花店工作过三年，插花、卖花对她而言，轻车熟路。有顾客上门，她便热情地介绍各种花品，述说着象征意义。几乎每一个进花店的人，离开时都会捧着一束花离开。一周结束后，女老板对她的能力表示满意。

B是花艺学校的毕业生，没有实际的经验，却心灵手巧。从插花的艺术，到插花的成本，她精心地琢磨，甚至想到把一些断枝的花朵用牙签连接，花枝夹在鲜花中，降低了很多成本。她的专业知识丰富，头脑灵活，一周结束后，为女老板节省了不少成本。

C是一个普通的待业女孩，除了卖花以外，从未在花店逗留过，她甚至连很多花的名字都无法叫上来。卖花第一天，她羞羞涩涩的，放不开手脚。可是每次进入花店，置身于花丛中，她的脸上都会泛起微笑。她的心情，如同那些盛开的鲜花，美艳动人。

因为运输与存放不当，有些花不得不被丢弃。所有的花店都承受不了这样的损失。可是，C并没有随意丢弃那些残花，她经过一番修剪，把它们免费送给路边行走的孩子。每一个前来的顾客，都会从她口中听到一句甜甜的话语——鲜花送人，余香留己。这听起来像是说给她自己，又像是说给花店，还像是说给买花的人，可谓是一句默契的心语。一周之后，没有工作经验，亦没有专业知识的她，成绩也并不逊色于他人。

最终，老板留下了待业女孩。她说："靠鲜花挣钱再多也是有限的，靠如花的热情去挣钱才是无限的。花艺可以慢慢学，可鲜花一样美丽的心灵学不来，这是一个女人的气质品性，情趣爱好，艺术修养，和人生态度……"

诗人说："笑是午夜的玫瑰，是人类的春天。"是的，女人的笑在玫瑰般的优雅中挥洒着春的博大与宽容，那是世间最动容的表情，它蕴涵着一种力量，比漂亮的服饰、贵气的珠宝更加能够让女人焕发迷人的魅力。微笑着对待自己，对待周围的一切人或物，那一笑足以让黑夜变得明亮。

活着，需要一种"笑面人生"的心态。微笑着面对纷繁的世俗，能够做到宠辱不惊，能够让女人正视自己生存空间里很多的尴尬与不幸。当女人把自己生命中的一切遭遇都视为或圆满或凄美的风景，用一种看风景的心情来笑看人生旅途时，一切都会归于淡然和美好。

一次严重的火灾事故，夺走了许多人的生命，唯有一对孪生姐妹幸存下来。只是，无情的火焰永远剥夺了她们娇美的容颜。此后的十年里，姐姐很少照镜子，她总说，真希望当初彻底消失在火海里，不用饱受心灵的煎熬；妹妹的烧伤面积比姐姐更严重，可面目全非的脸上依然挂满笑容。她总说，幸好还活着，感谢那些冒着生命危险救了自己的人。

可惜，妹妹的话对姐姐而言，毫无作用。一个对生命失去了热情和希望的女人，无论走到天涯海角，也找不到活下去的勇气。终于有一天，姐姐偷偷吞下一瓶安眠药，结束了年轻的生命。据说，她离开的时候，脸上露出了微笑。这微笑，若是在平时，该是多么动人！

妹妹依然坚强地活着。她总说，自己已经走过了很长的路，未来的路还要笑着走下去，既然活了下来，就证明生命的价值比许多人都昂贵。他人的冷嘲热讽，奇异的目光，窃窃私语的议论，她全然不见。

偶然一次，她在回家的路上发现，不远处的桥上站着一位中年女人，直觉告诉她情况不对，她连忙开车到女人跟前。可是，那女人已经跳了下去。熟悉水性的她，紧跟着跳下去。事后，她得知，那位女人的丈夫和女儿在车祸中丧生，她无法承受这样的打击。

看到女孩的那张脸，听到她和姐姐的故事，中年女人冷静了。她决定，让女孩与她一起经营生意。再后来，这个普通而又"奇特"的女孩，靠着微笑的姿态，成了一个拥有数百万美元的富有女人，有了自己的公司，遇到了相爱的人。

俄国诗人普希金说："假如生活欺骗了你，不要悲伤，不要心急，忧郁的日子里需要镇静，相信吧，快乐的日子将会来临。"其实，生活从来不曾亏欠我们什么，它所给予的那些伤痛，都是我们可以承受的。相反，我们该对生活充满感激，在内心里保持着一份对生活的热爱与尊重。

女人，无论生活把你带到哪儿，都要活出最好的姿态。要记得，嘴角上扬的样子，不只有回眸一笑百媚生的魅力，还有一份悦纳百味人生的豁达。

每一种人生都不完美，要学会悦纳

每个女人的生命，都被上苍画上了一道缺口，越是不想要它，越是如影随形。正因为此，世上才有了那些终日悲伤、哀叹不幸的女子。

她一心艳羡着别人光鲜的外表，为自己的欠缺耿耿于怀；期盼着遇到一个无可挑剔的爱人，对不符想象的示爱者视而不见；抱怨着无论怎样的努力和付出，却都难以实现内心的愿望……这样的生活过了十年，她终日沉浸在抱怨、懊恼、失落和疲惫的状态里，不知所措。

直到有一天，多年来倾心于她、对她百般包容的男人，给她讲起"沙漠教父"的故事——

"公元三四世纪，埃及的沙漠里生活着这样一群人：他们情愿放弃繁华闹市的生活，隐居在沙漠里，过着艰苦的生活；他们以草为食，一禁食就是几个星期；他们一连几天把自己捆绑在石头上，直到筋疲力尽为止。你一定想问，他们到底是什么人？想做什么？

"那是一群寻求人生真谛的人，他们有一个非常响亮的名称，叫做'沙漠教父'。他们就跟中国隐居深山的苦行僧一样，通过受苦受难的感受，体会人性的不完美。他们告诉世人：因为人不完美，所以很多事都无法掌控；因为人不完美，所以会犯各种各样的错误；因为人不完美，所以总是困难重重。只有接纳了不完美，心灵才能自由，才能从痛苦中找到快乐，从荒谬中找到意义，从喧嚣中找到宁静，从黑暗中找到光明。"

做内心强大的
女人❷

人活一世，花开一季，每个女人都希望这一生了无遗憾，做每一件事都是正确的，平坦顺利地达到自己预期的目的。可惜，这只是一种美好的幻想。人生或多或少都会有缺憾，也只有缺憾的人生，才是真正的人生。就像法国诗人博纳富瓦说的那样："生活中无完美，也不需要完美。"面对人生的缺憾，面对五味陈杂，女人唯一能够做的，就是接受它，悦纳它。

某小镇上住着一对母女，每天傍晚，女孩都会在街头的广场拉小提琴。人们喜欢她的琴声，那就像一个温柔低吟的天使，抚慰着人们疲倦的心。慢慢地，人们都认识并喜欢上了这个女孩，因为她不仅小提琴拉得好，皮肤也很白，精致的五官生在一张白瓷的脸上，宛若美丽的公主。人们都说，这个女孩很有前途，总有一天能在金碧辉煌的音乐大厅里开一场音乐会。

可是，生活里充满意外。谁也没想到，一场车祸竟然让女孩的脸上留下一道长长的伤疤。自那以后，她变得沉默寡言，也很少抬起头，就连过去最爱的小提琴，也不愿意再碰。从此，街头的广场变得安静了，那个天使一样的美丽女孩消失了。

小镇的人们对此感到很遗憾。但突然有一天，小提琴的声音又响起了，只是跟之前的不太一样，听起来一点儿都不美妙。那个拉琴的人，不是那个女孩，而是她的妈妈。妈妈站在女儿曾经拉琴的地方，用她的琴声和不远处的女儿对话。接下来的两个月，每到傍晚，妈妈都会去拉琴。

有一天，一个醉汉在广场耍酒疯，莫名其妙地冲着拉琴的女人吼道："你拉的琴实在太难听了！求求你，赶紧回家去吧！"母亲平和的脸上第一次有了愤怒的神情，她说："如果你觉得不好听，那么你把耳朵堵上，我不是拉给你听的，我是拉给我女儿听的。"

小女孩目睹了这一切，她走到妈妈跟前，接过她手中的小提琴，坦然地昂起她那张带着一道伤疤的脸，对那位醉汉说："我妈妈只为我一个人拉琴，在我眼里，她是世上最完美的小提琴手。"接着，小女孩从容地演奏起她过去演奏了无数遍的曲子。

站在一旁的妈妈哭了，她激动地对女儿说："孩子，我只是想告诉你，虽然你的脸和妈妈的琴声一样都不完美，可我们要有勇气把它拿到人前。"

鲜花凋零固然是憾事，但只要曾经努力盛开，那就心安无悔；人生苦短的愁绪纵然令人感叹，但只要热爱生命的激情不减，生命就还是一片艳阳天。或许，我们都无法左右外界的一切，但我们可以左右自己的心情。当生活出现变故，让原本美好的东西变得不那么美好时，只要继续坚强地生活，做好自己该做的事，不枉费青春，不虚度年华，不为过去的种种而懊恼，也不为未知的明天忧虑，安心接受现在，过好现在，那么不完美的人生也完美，因为心中无悔。

曾在某篇文章中读到过这样一段话："做任何事，我们要尽力而为，但不能责己太苛，责人太过。只要顺其自然，就是最好的结果。金无足赤，不影响它的纯度；太阳有黑子，不影响它的灿烂；伟人有缺点，不影响他的高大形象。因为，所谓的十全十美，只是我们的美好愿望，而有温暖的阳光，有轻柔的微风，有明朗的月光，才是人生最真实而美丽的风景。"

但愿，每个女人都能真正明白它的真意，不再为了生命里的瑕疵而沉溺于消极。因为不完美的人、事贯穿了漫长的人生路，无论你走到哪一段，都不可避免地会与之相遇。遇到生活中不完美，你不要去理会它，继续走你的路。当你学会了悦纳不完美的生活，你会惊喜地发现：人生很美，而你更美。

没有快乐的女人，生命里没有阳光

医院的走廊里，来来回回的身影不断，每个人都各怀心事，楼道里喧闹而压抑。

身患尿毒症的她，上个月与丈夫离婚了，她的心像刀绞一样疼痛，可她实在不想让丈夫为她受累一辈子。从患病到现在，她再没有笑过，心里无数次地问上天：我只有二十九岁，我还这么年轻，我本来有美好的生活，为什么要让我得这样的病？

那天，她躺在床上做透析，身边的一位阿姨也患了同样的病，在女儿的陪同下做着透析。那位阿姨始终笑着，脸上看不出任何难过，她的女儿更是一副欢快的样子，眉飞色舞地跟她说着自己的工作，今天遇到了什么人，发生了什么事，欢声笑语让整个病房多了一丝轻快。

她很羡慕那位阿姨的女儿，年纪与她相仿，可人家却享受着生活。她越是这样想，内心对命运的怨恨与不满就越多。"如果不是得了这个病，现在的我，应该和她一样，每天和爱人、孩子在一起，照顾父母，过着充满希望的日子。现在，疾病抽干了所有的快乐，一颗年轻的心变得老态龙钟，再也摇摆不起幸福的枝叶。"她扭过头，流下来几滴泪。

每次透析大概要持续四个小时。临近晚饭时间，阿姨的女儿要回家给丈夫、孩子做饭，晚点再来接阿姨回家。病房里的其他病人都做完透析陆续离开，暂无别人进来，只剩下她和阿姨。

她轻轻地说了一句："阿姨，有这样一个女儿您真幸福。"

阿姨笑着说："是啊，我就这么一个女儿，从小就懂事的。"

"我真羡慕她，能照顾爱人和孩子，还能多陪陪母亲。因为这病，我自己的家散了，还让父母跟着操心。有时候，我真的不想治了。"她说出了憋闷已久却无处倾诉的心声。

"姑娘，别这么想。人活一辈子，谁没个病和灾的。得这个病是不幸，可世间不幸的人太多了。现在的医疗水平不错，还可以做透析维系生命，和以前的人相比，这也是幸运了，你说是不是？"阿姨面向着她，说了一番宽心的话。

"唉，我还是羡慕那些健康的人，我若像您的女儿那样，我父母也就不至于像现在这样了。我感觉，他们这段日子老了很多。"她的声音哽咽了。

"命运对谁都差不多。就拿我女儿来说，你看她笑语欢颜的，可她也是一个有缺陷的孩子，只是这件事，我们从来不提。她的左眼几乎没什么视力，从小就这样，生活、工作全靠一只右眼。小时候她就知道自己跟别人不一样，但我告诉她要快乐地生活，还让她去学了大提琴。她说，如果有一天，她什么都看不见了，她就拉琴！每天听到自己拉出的美妙音乐，也是一件幸福的事。"说起女儿的不幸时，阿姨显得很平静。

她的心骤然抖了一下，先是意外，后是震惊，再后来，竟然渐渐平息了。原来，每个人的快乐与痛苦都差不多，只是有人愿意捧着快乐，有人愿意紧抓着痛苦。既然苦与乐始终并存，何不让心灵快乐一点呢？也许，这才是对自己最好的善待。

生活原本平淡如水，偶尔会荡起涟漪。快乐的女人，无非是在如水的时光里加一点糖，在荡起涟漪时平复自己的心。想要把生活调制成什么味道，全在于自己。

如果女人没有任何的快乐，她的生命里就没有阳光。可是，到哪儿去寻找快乐呢？

记住，不要向外去寻找，不要等待谁给予。快乐源自心灵，不可以从外界借来，也不可以有丝毫的勉强。女人的快乐，要从内心去寻找、去挖掘。只要你愿意，你可以随时操纵心灵的遥控器，把它调整到快乐的频道。

周末的清晨，允许自己睡个懒觉。你可以暂时抛开那些琐碎的家务事，好好享受一个慵懒的休息日。不要自责，你有权利享受生活，有权利让自己放松，让自己快乐，若有谁嘲笑你慵懒，你大可心安理得地告诉他："工作那么累，挥霍一下休息的时光，有什么大不了呢！"

温暖的午后，找一间优雅的咖啡馆，带一本近期最想看的书，选一个靠窗的位置，点一杯咖啡，一边喝一边读……这样的画面很熟悉对不对？没错，杂志上、电影里经常出现这样的"小资"镜头。这不是做作，体验一下存在于故事里的浪漫，也能让女人收获意想不到的快乐。

晚上的时光，看一场轻松的喜剧电影，和挚爱谈谈心，美美地做一个面膜，练上一段瑜伽，都是修身养性的好方法。做这些事时，你会感到快乐，不需要谁来帮忙，自娱自乐。

闲暇的时候，拍下一些身边的人和事，养成将随时可能被遗忘的片段记录起来的习惯。而后，当你不定期整理这些照片时，你会发现生活的细节也是美好的回忆，心灵就会跟着快乐起来。

世上没有不快乐的生活，只有不肯快乐的心。少一点悲观和绝望，遇到变故的时候，化悲痛为力量，感受自然规律不可为，顺其自然则是福的真谛；失去某样东西的时候，坦然地接受，珍惜手里还拥有的；努力追求而又得不到的时候，减少一点内心的欲望。当一个女人能够很自然地把这一切变作习惯的时候，她会发现，生活其实已经赋予了自己太多的东西。

天长地久的幸福，唯有自己给得起

听着张清芳的《把自己敲醒》，她把QQ上的签名换作了那一句歌词：我的幸福不用你来给。

打开点击率已经超过六位数的博客，她悄悄地把自己化成了一条"鱼"，吐露心声——

前生，我是一条鱼，在大海里闲游。日复一日，我厌倦了枯燥的生活，便一心想找个机会离开大海，看看外面的世界。

终于有一天，渔夫把我打捞了上来。我兴奋得在网里活蹦乱跳，心想着终于脱离了苦海，可以自由呼吸了。我蹦得很高。可当我听到渔夫和他的儿子讨论如何烹制我的时候，我的头"嗡"的一下，接着便重重地摔了下去，昏迷不醒。

待我睁开眼的时候，我发现自己在一只破旧的水缸里。原来，是我那身漂亮的斑纹救了我。渔夫看到我如此漂亮，决定养下我。我在那口破缸里，欢快地游来游去。

每天，渔夫会给我放一些鱼虫，而我则会晃动着身子，向渔夫展示自己漂亮的斑纹，讨主人欢心。渔夫一高兴，又给了我一把鱼虫，我贪婪地吃着，吃饱了睡个安稳觉，美滋滋的。我开始庆幸自己的美妙命运了，庆幸现在的生活。想想当初在海里，自己不得不出去找食，还得提防敌人的袭击。海里的那些朋友们，现在可能几天没吃过东西了，也可能成了别人的盘中餐。想到这儿，我又吞下了一群鱼虫，自言自语道："这才是幸福的生活啊！"这时的我，再也不想回到海里了。

渔夫又要出海了，这一走大概要半个月，只留下儿子在家。第一天，我没有按时吃到美味的鱼虫。第二天，还是没有吃到。我有点不高兴了，抱怨渔夫的儿子怠慢我这么漂亮的鱼。第三天，我饿得有点发慌，晕晕乎乎的，游也游不动了。第四天，渔夫的儿子想起了我，随手给了我一点吃剩下的残羹。我真的是饿坏了，大口大口地吃起来，没有挑剔。此后的那些天，渔夫的儿子隔三差五地给我点剩饭，我很不高兴，却无能为力。

几天之后，渔夫的儿子也走了，因为渔夫遇难了。我在缸里大喊："喂，不要丢下我，把我也带上。"可是，没有人理会我。

想到渔夫从前对自己种种的好，我很伤心；想到今后自己无人照料，被困在这水缸里，我又心生抱怨，抱怨渔夫轻易出海，抱怨渔夫的儿子怠慢我，甚至抱怨自己当初离开大海时为何无人阻拦，抱怨我所经历的一切，只是忘了抱怨自己。抱怨累了，我就在水缸里虚无缥缈地幻想着，想着有富商经过，发现我这条美丽的鱼，然后把我带回家好生伺候。

日落时分，四周静悄悄的，只剩下一口破旧的水缸，一条漂亮的鱼，死鱼。

鱼和渔夫的故事，就是她此时所经历的一切，没有明喻，却在暗指。她曾经庆幸遇见了给自己幸福的人，可是人生无常，岁月不总是安然无恙，在失去的刹那她才明白，女人该有的不是贪恋，而是让自己幸福的能力。不管什么时候，把自己的幸福寄托在别人身上都是愚蠢的行为。

同样是女人，Joyce似乎更懂做女人之道。她总说："热爱生活，照顾好家庭，不冷落自己，这才是女人。"三十五岁的她，姿色平平，才气平平，嫁的丈夫却气宇轩昂。结婚时，丈夫在大学做讲师，Joyce爱他的才气，根本没想过，她日后的婚房只有区区二十平方米。

婚后的日子清贫，却也恩爱。她会做菜、煲汤，会精打细算地过日子。怀孕的时候，丈夫下海经商，每天忙着应酬，经常彻夜不归。她绝望过，想过离婚，可一番思虑之后，她总算领悟：女人的幸福为什么要靠别人给？我该有让自己、让家庭幸福的能力。

她强迫自己不去想烦心事，安心养胎，忙不过来时就请母亲帮忙。她不会缠着他问长问短，求着他陪自己散步。说来也奇怪，日子一天天地过去，原本暗淡无光的生活，竟然变得灿烂起来。女儿四岁时，他们买了新房。她把新家布置得精致温馨，丈夫每天回来都能发现些许的改变，看着女儿画的可爱图，他心里暖暖的。

有空的时候，Joyce会做一些创意的点心，学两样新鲜的菜，带女儿去游乐场，记录女儿每一段成长的时光。她还开始学英文，在送女儿去幼儿园之后，到英语角练口语，结识朋友。后来，她竟然也能够磕磕巴巴地用英文与人交谈。

丈夫愈发觉得，这个陪伴自己近十年的女子，竟然还有那么多自己不了解的特质，这一切都让他觉得既陌生又熟悉，并深深为之吸引。对于Joyce来说，她对丈夫的感情一如既往，只是她不会向对方乞求幸福，因为她已经有了让自己幸福的能力。这种能力，无论何时何地，无论是谁，都无法从她那里夺走，那是根植于心里的生命力。

各人生活，冷暖自知。这个世界上没有上帝，唯一的救世主就是自己。女人唯有拥有让自己幸福的能力，才可以让幸福延绵不断地持续下去。不要以为爱情和家庭就是生活的全部，放松一点，看看外面的阳光，享受一下属于自己的美丽人生吧！记住电影《如果·爱》中的那一句台词："对你最好的人，永远是你自己。"

没有你的允许，谁都无法使你自卑

美丽是女人永远不倦的话题，是女人一生执着的梦想。女人的美可以是多愁善感的，可以是豁达开朗的，可以是温婉贤淑的，也可以是性感张狂的……可是这些美，都需要一个共同的支点，那便是自信。

有那么一种女人，年轻的时候只是比普通人稍微漂亮些，可时光证明了她是一块璞玉，时光越雕琢，越晶莹剔透。她用自信打破了美丽只属于青春的神话，用自信赢得了不朽的年华。

在《阮玲玉》里，张曼玉的身姿与三十年代的衣香鬓影重叠，从此成了复古风的翘楚；在《滚滚红尘》里，她那一派轻狂娇痴，开启了快乐新美人的先河。二十几年的表演经历，就是她的成长日记，年轻时青涩稚气，现在成熟自信，保留着东方女子特有的含蓄，又折射出西方式的激情，创造了四十岁女人不老的传说。她的美，是时光雕刻出来的。

她曾意味深长地说："女人自信的时候是最美的，我也是很晚才找到的。找到之后，你会觉得，有什么好怕的呢？怕也一样要面对，不怕也要面对，而怕的时候你的样子会很紧张，一点都不美丽。"

自信的女人，未必天姿国色，未必闭月羞花，可能只是芸芸众生的平凡过客。可那份自信就像是头顶上的光环，任她走到哪儿，总会成为最闪亮的焦点。所以，作家毕淑敏才会说："我不美丽，但我拥有自信，这足够了。"

从小到大，她很少照镜子。左脸颊上的那颗痣，始终是她心头无法碰触的伤痛。不看到自己的脸时，她会觉得好过一点。这些年，她感觉自己就是生活里的"配角",为了衬托别人而存在。

走在路上,她总是低着头,盯着脚下。她不敢正视别人的眼睛,害怕对方的目光落在她的痛处。她从未开怀大笑过,因为那样太过惹眼,她实在畏惧被人关注的尴尬。

二十八岁的她,孤孤单单一个人,从不知恋爱的滋味,也没想过有谁会爱上自己。她心里的某个角落里,住着那么一个人,但从来只是仰望,就像同一点上的两条射线,勾勒成45°角,各自前行,永无交集。

到新公司很久了,她只是默默无闻地做事,少言寡语的她见过N次老板,却始终没能让对方记住自己的名字,永远都只是"那个谁"。看到光鲜亮丽的女同事,今天谈着迪奥,明天说着阿玛尼,她不知道该怎样去跟人聊那些东西,她总觉得,那是漂亮女人的故事,与自己无关。

直到有一天,她因公出差,在机场遇到了那位气质不凡的女人。登机时间尚早,她一直坐在角落里等着,注视着那位女子。她很知性,又很洋气,在与她的美国丈夫聊天,谈笑间透着一份爽朗,一份自信。专业英语八级水准的她,能够听懂他们的谈话。其实她也能够用英文交流,可是在看到眼前那一幕之前,她从未留意过,这也是一种资本。

不知怎的,她的脑海里突然出现了这样的画面:自己变身成那个女人,说着一口流利的英文,谈笑自如,落落大方。她多么希望,自己也能够拥有那一份洒脱和魅力啊!可是,想着想着,她的心又沉了下去……脸上那颗明显的痣,让所有的幻想也跟着变成了黑色。

登机了。很凑巧,那位气质美女和她丈夫就坐在自己旁边。他们友好地对她示以微笑,她也礼貌地点头微笑。这时,她才真正看清楚,那位谈笑风生、自信洒脱的女人,脸上布满了雀斑。那一刻,她有点惊讶,但更多的是一种敬畏。如果自己是她,那会怎么样?

从他们的交谈中,她得知,女人在一家外企做技术工程师,且公司正准备派她到美国总部负责一个项目。她的敬畏感又多了一分,因为对方是一个事业优秀的女人。她突然明白,女人长得漂亮不漂亮是天生的,能不能活得漂亮是本事。

回家之后,她在镜子前站了许久。她先是盯着脸上的那颗黑痣,从怨恨到厌恶,又从厌恶到平静。她试着转移了一下目光,看着自己那双清澈的眼睛,看着自己白皙的皮肤,看着一头乌黑直溜的长发,还有不胖不瘦的体态,与这些美好相比,脸上的那颗黑痣竟然显得不那么"可怕"了。

她试着做了一个昂首挺胸的姿态,深深地吸了一口气,心里的疙瘩似乎解开了。她走出家门,像街上所有光鲜亮丽的女孩一样,仰着头,迈着轻快的步调,走进了市内一家最大的购物中心。从那里走出来的时候,她已经焕然一新,衣服换了,鞋子换了,发型换了,表情也换了。至于那颗黑痣,竟然也显得那么与众不同了。

后来的她,大方地与女同事谈美丽之事,在总叫她"那个谁"的老板面前主动做自我介绍,在QQ上碰到曾经心仪的男孩时,热情地说一句"hello"。所有人都说,她变了,也比从前漂亮了。她笑而不语,心里却明白:没有什么能让一个女人更美,除非她相信自己是美丽的。

美国的尼娜·加西亚在《我的风格小黑皮书》中这样写道——

"一个漂亮女人走进房间,我也许会抬头端详她一会儿,但我很快就收回目光,重新把注意力放在主菜、谈话或者甜点菜单上。说老实话:美貌不是那么吸引人。可是,如果是一个自信的女人走进房间,那效果就完全不一样了,她让人着迷。我的目光会尾随着她,看她怎么从容地、款款地一路从我身边经过。她也许不是我见过的最美艳动人的女人,但是她的一举手一投足那么自然大方,她成了最让人痴迷的女人。"

如果说,二十岁的女人是鲜艳的桃花,三十岁的女人是迷人的玫瑰,四十岁的女人是大气的牡丹,五十岁的女人是淡定的兰花,六十岁的女人是温暖的棉花。那么,自信的女人,可以一生如花。

纵然不是标准的美女,不是人群中相貌最出众的,可是自信的女人,总能高高昂起头,从不掩饰自己的缺憾,也不在意那些缺憾,她们就像对待女神一样对待自己,从里到外地赞美自己,宠爱自己。因为,没有经过她的同意,任何人都无法使她自卑。

成长正能量，遇见最美好的自己

二十二岁那年，苏瑷的世界里走进了一个人，之后便一直驻扎在她的心房。她说，那是她生命里的一缕阳光，纵然触摸不到，却总能感受到他的温暖。她还说，那是她心灵里的一盏明灯，不管夜多么黑，路多么远，总能让她找到方向。

可是，从过去到现在，他们之间从未谈过爱情。苏瑷是个胆小的女孩，脆弱，敏感，自卑；而他是个阳光男孩，乐观，幽默，自信。他们的关系很微妙。

她曾经在短信里对他说："我觉得，我很自卑。"他说："没关系，每个人都会有自卑的地方。其实，你真的很好。"看到这样的字眼，原本沉重的心，在一瞬间如释重负。

新入公司的她，有一段时间很不适应，虽然是梦寐以求的职位，可经验的缺乏，人际关系的荆棘，让她灰心沮丧。她对他说："感觉要支持不住了。"他说："你是小女王，你是最棒的。"她清楚地记得，看到那句话时，自己潸然泪下。独身在偌大的城市里生存，还有什么比信任和鼓舞更让人温暖？

有他的日子，她觉得阳光像是加了蜜。可是，她从未想过和他在一起，从未想过内心的感情究竟是不是爱情。他于她而言，似乎不仅是简单的喜欢和爱，那种情思很复杂，复杂到她也无法说清。

后来，他说，他恋爱了。苏瑷为他高兴，真心高兴。只是，高兴之余，她又有点落寞。他不再是一个人了，以后的日子，他也不能再像从前那般，在第一时间回她的短信，在接到求助电话之后，飞奔到她跟前。于他而言，她不过是挚友，也只能是挚友。

也许，生命的旅途就是这样，有些人只能陪伴你走过一段路，之后便只能各自收拾起行囊，奔向下一个目的地。在途中，遇见更多的人。纵然会怀念，也只能是怀念，走过的路却无法再回头。

再后来，他和女友一起去了英国，读书。那才是般配的一对，男才女貌，一个阳光，一个可爱。她在微博里悄悄关注了他们，看着他们在异国他乡的生活，看着英伦格调的风光，看着他们对生活、对彼此的爱。

心痛吗？她问自己。似乎并不，他会有他的生活，这早已是预知的结局。若说难过，也只是再没有那个发短信安慰自己、称呼自己"小女王"、鼓励自己说"你是最棒的"的人了。

直到那天，她读到了一句话：喜欢你不仅因为你的样子，也因为和你在一起时我的样子。

她顿时恍悟：原来，这些年来，他吸引她的，是那周身散发出的热烈的气场；而她所怀念的，是在得到鼓励之后，阔步向前走的自己。她要找回的亦不是从前的他，而是那个充满正能量的自己。

她发誓，要成为自己的阳光，找到最美好的自己。之后，遇到新鲜的事物时，她勇敢地去尝试；遇到有情调的新餐厅，她盛装打扮去消费；新推出的娱乐节目，她放胆去体验；口碑不错的电影，她一个人去欣赏；想放松身心的时候，她去陌生的城市旅行。在生活与行走中，她慢慢体会生活的悲喜交加，快乐来临的时候尽情享受，烦恼来袭时理性地解决，扛不住的时候自己给自己打气。

两年之后，他和女友回国了，途经苏瑷的城市，他们相约而坐。这时的她，全然不是当年那个自卑羞涩的女子了，她落落大方，洋溢着微笑，眼睛里闪烁着动人的光芒。谈笑间，餐厅的音乐缓缓响起："我想你一定喜欢，现在的我，学会了你最爱的开朗……依然亲爱的，我没让你失望……"

在磕磕绊绊的路上，在穿过悲伤逆流之后，与最美好的自己不期而遇，成为自己想成为的女人，握着自己亲手酿制的满满的、稳稳的幸福。人生，还有什么比这样的画面更美呢？

你可以去追随那些充满正能量的美好的人，但更需要的是，从内而外让自己具备这样的能量，这是酿造幸福的原料，是任谁也夺不走的乐活能力。当生活让人无奈的时候，当你遭受痛苦的时候，当陪在身边的人离开的时候，不要迷茫，不要慌张，这是生命赋予心灵的成长课，它在锻炼你的接受能力，你的辨别能力，还有内心光明的能力。

行走在人生路上，女人要时刻为自己注入美好的能量。

别吝啬你的表扬，哪怕只是做了一件微不足道的事，也要好好地肯定自己。当你把一块香浓的黑巧克力塞进嘴里的时候，闭上眼睛好好体味那种美妙的感觉。或者，干脆到海边去深呼吸，让充满海水味道的空气填满你的胸腔。累了，坐下来看看嬉戏的孩子，放大那些积极的东西，心灵自然会充满力量。

闲暇的时候，给朋友发一封 E-mail，告诉她你想起从前在一起时的美好时光，顺便附上一张当时的照片，与对方分享那些快乐的回忆与曾经。当你这样做的时候，你会沉浸在当时的那种快乐中，许久，许久。

不需要谁来感染，不需要谁来带动，寻找到生命的正能量，女人可以自己照耀自己、温暖自己，给身边所有的人一份赏心悦目的心情。

容颜可以老去，心要永远年轻

在十八岁的年纪，女人的样貌看起来不会相差太多，青春是最好的资本，任凭你挥霍。可若到了八十岁的年纪，依然能够保持风姿绰约的女人，却寥寥无几。

人们问一位八十岁的英国女名模："你永葆青春的秘密是什么？"

她说："要保持愉快的态度，要对自己满意。我从来没有感到愿望得不到满足的痛苦……躁动、野心、不满、忧虑，所有的这些都使皱纹过早地爬上了额头，而皱纹不会出现在微笑的脸庞上。微笑是年轻的讯息，自我满足是年轻的源泉。"

有一家特别的俱乐部，会员全是头发灰白的中老年女人，一有时间她们就聚在一起畅谈人生。

伊尔玛·鲁思和她的两位朋友都是该俱乐部的会员，她们的年龄都超过了六十岁，倚靠在一辆满是泥土的汽车后面，她们开始了新一轮的旅程。

伊尔玛感慨地说："我从1991年起就成了全职旅游者，我们都喜欢这样的自由生活。"

旁边一位优雅的妇人插言说："你会意识到你根本不需要你的那些家当，而且每天都有新收获。"

梅丽莎疑惑地问道："你以为我们会愿意整天闲坐着不动吗？我们上了年纪，住进退休者之家。每天每夜地守在电视机旁边，照顾儿女和孙辈的生活，枯燥无趣。我们和年轻人一样，向往着没有尽头的公路，特别是那些高级的公路。"

是的，她们乘坐着各种各样的车辆，冬季穿行于西部广袤的沙漠，夏季穿梭于美丽的森林，然后再瞄准新的目标，一起出发。毫不夸张地说，伊尔玛·鲁思现在都已经习惯了这样的生活方式，以至于不能接受其他生活方式了。

退休的护士吉娜，五年前卖掉了自己的房子，加入了该俱乐部，与众多女伴们一起享受着驾车漫游的快乐。有天早上，吉娜说道："我从未想到我会有这样的勇气。可我的孩子已经独立了，我住在空空荡荡的房子里，无所事事。于是，我就上路了。我要永远这样'年轻'地生活下去。"

任岁月流转，女人不管到了什么样的年纪，都应该让青春永驻心间。这是一种宠爱自己、享受生活、享受幸福的姿态。

二十岁时，她告诉自己：女人要对未来充满希望。父母离异，与大学失之交臂，失去挚爱的恋人，都没有让她的心枯萎。她知道，要留住岁月的脚步，就不能活在过去。她从未因为家庭的变故和感情的背叛而变得冷漠，她爱自己，爱生活，不想让心灵过早地枯萎。她总是用美好的未来提醒自己，未来的路还长，幸福还等着我。

三十岁时，她告诉自己：我会跟从前一样美好。她从不说"我已经老了"，从不暗示自己"我已经力不从心"。她相信，美好属于每个年龄段的女人，只要你热爱它，它就会回馈你想要的结果。在三十二岁的时候，她有了自己的精品书屋，有了自己的孩子，有了散发着书香韵味的成熟与知性的美。

四十岁时，她告诉自己：要保留一份浪漫的心情。那个心灵沐浴在爱与浪漫的光芒里，必定会开出如同向日葵般绚烂的花。这一份浪漫的心境，需要摒弃私欲和贪婪，摒弃世俗和肤浅，要用爱心和满足，慢慢调制。

五十岁时，她告诉自己：笑对一切，做个达观的女人。岁月可以催生白发，却无法摧毁女人的智慧；时间会在脸上刻下皱纹，却无法阻止心灵的光润。年过半百的她，依然有着一颗年轻的心，一个年轻的体魄，她敢与朝华相媲美。年轻也好，年老也罢，只要心不老去，永远恰逢当年。

岁月总是悄无声息地在女人身上留下痕迹，或是一脸喜悦，或是一脸风霜；或是悲伤冷酷，或是笑靥如花。你若任凭岁月带走心的年纪，那么身上的光华自然也会跟随它一同老去。心若不肯老去，那么岁月也无可奈何。

青春年少固然美好，但人生如四季，春夏秋冬各有各的美。重要的不是容颜的改变，而是年轻心态的绵延。守住一颗年轻的心，就能永远留住青春，寻找到人生别样的意义。一位著名的女演员说："当一个人幸福、充实和永不疲倦的时候，当他的精神永远年轻的时候，皱纹怎么会爬上他的额头呢？当我感到疲惫的时候，那不是我精神的疲惫，而是我身体的疲惫。"

年龄是随着岁月的时间行走，而人的心态并不是随着时间走。留一颗年轻的心，可以让时光望而却步；留一颗年轻的心，可以永远烂漫纯美；留一颗年轻的心，可以始终活力无限；留一颗年轻的心，不惧岁月，顺其自然。把一切纷纷扰扰的变迁，都视为常理之中，坦然处置。留一颗年轻的心，"老"永远不会降临在你的身上，纵然沧海桑田，世事变迁。心态好的女人，永远年轻，永远美丽，永远幸福。

感知生命里那些微小的幸福

生为女人，不要对境遇不满，不要厌倦平淡的日子。要知道，幸福不是那些小事扼杀的，而是被一颗不懂生活的心埋没的。生活如人饮水，幸福更是冷暖自知。你若有了感知幸福的能力，把那些细小的幸福掰开揉碎，和着白开水咽下，也是生命里的一剂养料。

她刚把菜放进锅里，手机铃声就响了，是丈夫打来的。

"你睡了吗？"丈夫问。

"还没有，我在给你热菜。"

"歇会儿吧。今天晚上，我带你出去吃。"

"这么晚了，去哪儿吃呀？"

"你别管了。穿好衣服下楼，我等你。"

说完他就挂断了电话，她只好穿上衣服出门。刚下了一层楼，就听见男人有意的轻咳，是他的声音。原来，他是担心她害怕，特意上来接她。走出楼道，蓝黄相间的出租车就停在门口。

她突然说了一句："你又忘了锁车了？"

男人笑着说："唉，瞧我这记性，尽想着上楼接你了。我平时可不这样。"

女人叹了口气，又摇了摇头，说道："你呀……都这么晚了，咱们去哪儿吃饭啊？在家吃点就行了！这样能多攒点钱，你以后也能不这么拼命了。"

"咱们就简单吃点。以后，我要是回来得晚，你就先睡，别跟着我熬夜，你白天还上班呢！"说这句话时，他打开了车里的暖风，朝她的方向吹。

　　街上车不多，行人更是少。"这会儿真冷清，估计人都睡了。晚上开车你可千万别出城，给多少钱咱都不去。"她看着寂静的大街，一股心疼涌了上来。

　　车子开进了一个窄街，又穿过两条小巷，停在一家面馆门口。他们下了车，从门前停得乱七八糟的出租车间的缝隙穿过。她很惊讶，问道："这么多司机都来这儿吃面？"

　　"是啊，这里的牛肉拉面好吃，还便宜。"他要了两碗拉面，一盘拍黄瓜，一盘牛腱子肉，一瓶啤酒和绿茶。

　　"你可不能喝酒，还得开车呢！把啤酒退了吧？"她的语气略带焦急。他没解释，只是把她面前的杯子用纸巾擦了一遍。酒水端来，他把啤酒放在女人面前，说："这酒，是给你的！"

　　"给我的？我可不好意思在这里喝酒。你瞅瞅，旁边坐的都是大老爷们，就我一个女的。"

　　"怕什么呀？"他打开了啤酒，给她倒上。

　　拉面送来了，热腾腾的，香味扑鼻。她赞叹："好香啊！闻起来味道不错。"

　　"嗯，这是秘制老汤煮的，我找了好久才找到这家。快尝尝吧。"

　　她挑着吃了汤料里的牛肉，又吃了一口面，点点头说："真不错，有我们家乡牛肉拉面的味儿。"他似乎一直在等这句话。她刚一说完，他就轻松地靠在椅背上，畅快地吐了口气。女人催着他赶紧吃，他应和着，却不动筷子，一直看手机上的时间。

　　她刚要开口问，他却激动地站起来，大声说："各位兄弟，现在是12号的午夜11:59分，再过一分钟就是13号。13号是我媳妇三十岁的生日。广播里说，女人都特看重三十岁生日，我是个的哥，上有老下有小，不敢搞得太大，就想带着我媳妇吃一碗有她家乡味的面，第一时间祝她生日快乐。"说完，他深情地看着她，一口喝掉了杯中的饮料。

　　面馆里的人先是好奇，后又使劲鼓掌，友好地看着这对夫妻。她的脸红了，一杯酒下去身子也飘成了云。这时，一位五十岁左右的大哥端着茶杯过来对她说："妹子，生日快乐。"随后，的哥们全来祝贺了，有的拿着保温杯，有的拿着矿泉水，就连老板也来祝贺，说她的这顿饭免费了。

车里，他轻声问："高兴吗？""嗯。"她轻声应。他一边开车一边唱着"生日快乐"。她在旁边嘴角轻扬，心生欢喜，素日里的压力和疲惫都没了。此刻，她觉得自己那么幸福。

幸福，不是长生不老，不是大鱼大肉，亦不是权倾朝野。幸福只是一个个美好片段的串联。当你想吃的时候有的吃，想被爱的时候有人来爱你。

曾听过一句话：生活在一个和平与民主的国度，没有战争，没有饥饿，是大幸福；享受美食，恋爱，安心地过日子，记下感动的瞬间等小乐趣，是小幸福。我们不是不幸福，只是我们忘记了细数幸福。其实，有许多细微的幸福，就躲藏在不起眼的角落里，只是上面覆盖着太多杂乱的东西，被我们忽略了。只要轻轻拂去灰尘，搬开那些杂物，幸福便会初露端倪。

身为平凡女子的H，从不奢望那些自己够不着的东西，她只在一粥一饭间寻找淡而小的幸福。她说："做女人，就要有把日子过成艺术的心境。"

下雨的日子，车厢里的人阴沉着脸，对湿漉漉脏兮兮的环境充满厌恶。H注视着车窗外那对顺着电车道一路走一路说话的情侣，他们同撑一把伞，男孩刻意把伞往女孩那边挪了挪，雨水打湿他半个肩膀，他却浑然不觉。见到这一幕，她仿佛回到了校园时代。若不是这场雨，渐渐麻木迟钝的心，如何能留意到这一幕温情的画面？谁说人生非要急匆匆地赶路，谁说幸福非要有座驾代步，留一颗阳光的心，总能和幸福不期而遇。

在家里收拾旧物时，她发现一只旧纸盒，里面放着她年少时用过的东西。有一朵风干的蔷薇花，有一本鹅黄色的日记本，上面一行行稚嫩的笔迹，诉说着唯有那个时期才有的心情。还有几封手写的信，做过的手工，和折星星用的纸条。眨眼间，二十几年过去了，这些不起眼的小东西，随便拿出一件，都记载着一段故事，一份心情。她整理干净，悉心地保存好，这都是她的微幸福。她想知道，再过五年、十年、二十年，待自己双鬓斑白时，再看到这些物件，会是怎样的心情。

平常的日子里，把收到的那些祝福短信、感动话语抄写在自己最喜欢的本子上。难过的时候，拿出来看看，想想那些爱自己的人；无助的时候，拿出来看看，想想那些鼓励过自己的话。也许知心的朋友不在身边，可那份纯纯的关爱，却值得一辈子珍藏。毕竟，这也是人生可遇不可求的幸福。

她的小幸福还有很多，做一桌可口的饭菜，与孩子嬉笑打闹，与爱人共享电影；看看阳台上盛开的花，看看黄昏的落日，泡一杯清茶，听时钟滴答的声音，想想自己有家、有工作，想想家人健康平安，幸福的感觉便填满了心房。

真希望，世间所有女子都能如H那般有一份感知幸福的心思，从微小的地方，短暂的瞬间，感受到生命的美妙。若真能如此，你便会发现，幸福其实一点也不昂贵。

Chapter 5
笑对世事纷扰,做内心强大的女人

一缕阳光从天空射下，总有无法照到的地方，那便是生活的阴暗面。女人若把眼睛盯在阴暗处，得到的也只有阴暗和恐惧；若是抬起头望向天空，便能扫却所有的阴霾。不乱于心，不困于情，不畏将来，不念过往，真正强大的不是外表，而是女人的内心。

哪怕输掉了所有，也不要输掉微笑

非洲的一座火山爆发后，泥石流疯狂地一泻而下，迅速流向坐落在山脚下不远处的一个村庄。农田、家舍、树木，一切都没能躲过被摧毁的劫难。滚滚而来的泥石流，惊醒了一个十四岁女孩的美梦，流进屋子里的泥石流已经到了她的颈部，她只能露出头部、颈部和双臂。

救援人员很快赶到了，看着小女孩的情势，一筹莫展。对于已经遍体鳞伤的她来说，每一次的拉扯都是更大的肉体伤害。此时，房屋已经倒塌，挚爱的父母也永远地离她而去。她是村庄里为数不多的幸存者之一。

前线记者把摄像机对准她，她始终没有说一个"疼"字，而是咬着牙微笑，不停地向救援人员挥手致谢，用两个手臂做出表示胜利的"V"字形。她相信，救援部队一定能够顺利地救她。可是，泥石流固若金汤，营救人员想尽办法，仍然无可奈何。小女孩始终在那里挥着手，直到身体被泥石流一点一点地吞没。

在生命的最后一刻，她的脸上没有一丝痛苦和失望，她依然洋溢着微笑，手臂一直保持着"V"字形。那一刻仿佛延伸了一个世纪，在场的人，有的湿润了眼眶，有的早已泪流满面，他们亲眼目睹了这庄严而悲惨的一幕，心里充满了悲伤。

世界安静极了，只见灵魂独舞。

穿透灵魂的微笑，在生命边缘蕴含着震撼世界的力量，让人生所有的苦难如轻烟一般飘散。死神可以夺去豆蔻年华的生命，却永远夺不去生死关头那一抹微笑，那个"V"字形所蕴含的精神。虽是一个年少如花的女子，可她的内心是多么的淡然，多么的强大。

或许，世间芸芸女子，这一生都不可能经历那样的噩梦。可是，人生中的困境、绝境是避免不了的，当生命里的厄运降临，当它夺走你挚爱的一切，请想想那个十四岁的女孩，想想她的脸庞，她的"V"字形手势。像她那样，微笑着接纳美好的、不美好的结局。

多年前，还曾读到过这样一篇感人至深的故事——

艾格莎女士一生未婚，她收养了自己的侄子。侄子十八岁那年去参军了，在部队一待就是十年。

某天傍晚，艾格莎收到一封电报，是部队发来的。他们告诉她，她最亲爱的侄子为了帮助受害群众，不幸遇难。这个消息犹如晴天霹雳，艾格莎看完就昏了过去。好心的邻居把她送进医院。醒来后，她依然觉得像做了一场梦，她不敢相信，也不愿相信，侄子真的已经离开了她。她不停地安慰自己说："一定是他们搞错了，汤尼一定还活着。"

三天后，部队派人把艾格莎的侄子的骨灰运了回来。那一刻，她完全崩溃了，痛不欲生。她以为，再过不久，汤尼就能回来跟她一起过圣诞节，她已经为他准备了特别的礼物。可是，现在汤尼回来了，可他再也不能说话、不能微笑、不能亲切地叫她一声"妈妈"了。她觉得，上天是在跟她开玩笑，可是这样的恶作剧，她真想马上结束。

艾格莎觉得，生活没有意义了。她变得很冷漠，不再跟邻居们说笑，不再与朋友们往来，对工作也没有了热情。她总是回忆和汤尼在一起的时候，拿出汤尼儿时的照片不停地看，想到他已经不在了，就痛恨不已。后来，悲伤过度的她打算辞掉工作，离开生活几十年的家，去其他的地方。

她收拾行李时，突然看到一封信，那是几年前母亲去世时，汤尼写给她的。信上说："我们都会想念她，特别是你。但我知道，你会撑过去的，因为在我心里你是世界上最伟大的女人。我永远不会忘记你曾经告诉我的那句话：不管活在那里，不管我们相隔多远，都要记得微笑,就像一个男子汉那样,承受一切已经发生的事情。现在,我希望把它送给您,我的妈妈。"

看到这里,艾格莎放下了正在叠的衣服,她觉得自己要好好地活下去。如果汤尼看到自己现在的样子,肯定会很失望,很伤心。她在心里默默地对汤尼说:"安息吧!我的孩子!我能承受一切发生的事情。"

第二天,艾格莎认真地给自己化了妆,穿上自己最喜欢的衣服。这是汤尼离开之后,她第一次如此精致地打扮自己。她对着镜子说:"就算输掉了一切,也不能输掉微笑。"

人生苦短,充满了太多无法预知的因素,不悦与不幸,总在没有防备的时候悄悄降临。没有谁能保证始终如一地陪伴在你身边,没有谁能保证在你难过的时候有人会给你安慰,也没有谁能保证在你陷入低谷时能给你一双有力的手。突如其来的变化,可能会把现在拥有的一切变成失去,可能注定要剩下你一个人,走一段陌生的路。

真正强大的女人,不是把刻薄写在脸上,言语上带着针刺,咄咄逼人。她们温和从容,淡定如菊,笑靥如花,因为内心的强大,才是真的强大。她们用一抹微笑从容地回应生活的磨难,用柔弱的双肩毅然地扛起沉重的悲伤,坚信人生不会苦一辈子,却总会苦一阵子。这样的女人,任尔狂风骤雨,我自闲庭信步。活出这般风采,如何不令人动容?

向生命里的荆棘说一声谢谢

  人生浮沉是一种历练,岁月沧桑是一种积累。悲过了,才知道喜的可贵;哭过了,才知道笑的芬芳。苦难是一把双刃剑,带给女人伤痛的同时,也会让女人瞬间成长。

  迎着刺骨的寒风,林晓菲走到街边那家熟悉的花店门口。玻璃橱窗里的花悄然盛放,可她的心却早已伤痕累累。

  从小到大,她很少遇到不如意的事,很少遭受委屈。懵懂的年华里,她也曾为赋诗词强说愁,以为女生那点不悦的小心思,偶尔吵架拌嘴,被扣工资,就是人们口中的"无常"。可事到如今,她才知道自己多么幼稚。

  怀孕五个月时,突如其来的车祸,夺走了林晓菲肚子里那个还在成长的小生命。一波还未平息,一波又来侵袭。在她情绪还没有平复的时候,工作一向稳妥的丈夫,竟然犯了大错,被公司解雇。主管的职位,是他用七八年的青春换来的。她痛苦,丈夫失意,一连串的打击,她实在无力承受。

  眼前的花店,门上挂着一个牌子:感恩节将至,特别礼物奉送。

  人在低落的时候,眼里的世界是黑白的,再美好的东西都会变得黯淡无彩。"感恩什么呢?感谢那个撞了我的司机,感谢丈夫的公司给他换工作的机会?"林晓菲嘲讽着生活,推开了花店的门。

  热情的女店主亲切地打招呼:"亲爱的,是要为感恩节买花吗?"

  林晓菲冷冷地说:"不是,我没什么可感恩的。"

  平日里,她是不会这样讲话的,冷漠而无礼。可不知为何,此刻的她，却只想找个地方、找个出口，释放压抑在心里的痛苦。不是针对谁，只是有点情绪失控。

"那好，我知道你需要什么花了。稍等一下。"女店主有一股淡雅的气质，说话慢条斯理，不愠不火的。她走进里面的工作间，出来时抱着一大堆绿叶、蝴蝶结和一把又长又多刺的玫瑰花枝。那些玫瑰花枝被修剪得很整齐，只是上面一朵花也没有。

林小菲是个讲究的女人，过去常常买花，可是眼前的一幕，还是让她愣住了。她盯着那束花，疑惑地看着女店主。她很想说："我没心思开玩笑，谁会要没有花的花？"但她没说，只是轻轻地说："这……"用疑问的语调打探着。

女店主笑了，那一笑清婉而明媚。她说："很有意思吧？我把花故意剪掉了。这是店里的特别奉献，叫作——荆棘花。"

林晓菲只知道荆棘鸟，从未听过如此奇怪的花名。

女店主缓缓地说："我看得出，你好像不是很开心。介意坐下来聊聊吗？"

面对这张熟悉又陌生的面孔，林晓菲没有拒绝。花店靠窗的位置安放了一张桌子和两个红色的沙发，很温暖。女店主泡了两杯咖啡，然后给林晓菲讲起了一段往事——

"几年前，我的感觉跟你现在一样，觉得生活里没什么东西可感恩的。那时，我哥哥染上了毒瘾，欠了很多钱，要债的人每天上门，逼得母亲走投无路，甚至要自杀，父亲被气得也生了病……一个好好的家被折腾得散了。

"我恨过哥哥，怨过父母，是他们骄纵了儿子，才惹得这样的下场。可是，打断骨头连着筋，家人始终是家人。之后，哥哥被送进戒毒所，我拼命地工作，帮他还钱，支撑着家。我从一个不谙世事、天真烂漫的女孩，慢慢地成熟起来，心里的那份怨怼也少了很多。

"我想明白了一件事。每天有昼夜之分，生活也一样，黑暗的日子也是生活的一部分。只是，过去的我一直享受着生活里的'花朵'，忽略了荆棘的存在。其实，它们是一体的。现在，我的心非常平静，就算再被荆棘刺伤，我也会感谢它，它让我知道了什么是真

129

实的人生。再然后，我开了这家花店，每年的感恩节，我都会为一些特别的人，送一份特别的礼物。"

从女店主那张洋溢着微笑的脸上，林晓菲怎么也看不出，她竟然有过那样的经历。可是，她有点怀疑自己，不知道自己能否像女店主那样，为生命里的荆棘感恩。

女店主大概也看出了她的心思，指着那束没有花的荆棘花说："你看这荆棘，长得多丑啊！可是，它能把玫瑰衬托得很美，让玫瑰变得与众不同。遇到麻烦的时候，别去恨它，坦然接受。要不是它的出现，你又怎么会知道，从前那些简单平淡的日子，也是难得的幸福呢？"

听完这些话，林晓菲心里觉得好过了一些。她问："这束花多少钱？"

女店主笑笑，把荆棘花包好，说："不要钱，算我送给你的。"

走出花店，迎面的风依然有些寒冷，可阳光却变得很温暖。林晓菲打开荆棘花里面的贺卡，上面写道："也许你曾无数次为生命中的玫瑰感动过，却不曾留意过荆棘。这一次，愿你真正地明白荆棘的价值，向生命中所有的不美好说一声谢谢！"

约瑟夫·艾迪逊曾说："真正的幸事往往以苦痛、丧失和失望的面目出现，只要有耐心，就能看到柳暗花明。"一个女人在痛苦中懂得的东西，永远比在欢乐中懂得的要多。因为欢乐只能让她享受人生，而痛苦却能让她读懂人生。

人生山一程水一程，高低起伏，沟沟坎坎。从一个稚嫩的女孩成长为一个淡定自如的女人，少不了风雨的洗礼，荆棘的刺伤，迷雾的阻挡。这个过程中，注定要有眼泪和悲伤跟随，没有人可以代替你去承受，哪怕是至亲至爱，也只能默默关爱与搀扶。化茧成蝶的痛，你只能从一个肩膀挪到另一个肩膀。那些淡然如水的女人，不是没有忧伤，而是学会了坚强；不是没有跌倒过，而是学会了疗伤。每一场经历都是生活的积累，每一次坎坷都是生命的历练。

身为女人，不要因为被称为"弱者"，就任由自己投降。不要怕，也不要恨，就算生活误解了你，给了你无尽的苦痛折磨，也要记得怀有感恩之心。感恩那些伤痛的遭遇,让你的生命得到成长;感恩那些在你哭泣时陪在你身边的人,让你懂得患难见真情。要相信,春暖花会开;要相信,只要明天的太阳还会升起,生命就会在阳光中怒放。

让心灵勇敢一点,用一份淡然的姿态,对生命里所有的荆棘说一声谢谢!总有一天,你终会彻底地懂得:人生最美好的岁月其实都是最痛苦的,只是事后回忆起来才觉得当时是那么的幸福。

他走了，带不走你的天堂

你在闹，他在笑，温暖地相依相偎。她觉得世间最大的幸福，也不过如此了。

身边的男人的一切，她都铭记于心。知道他的衣服、裤子、鞋子在不同时期的精准尺寸，知道他喜欢的领带颜色，知道他最爱吃的菜，知道他喜欢的烟酒牌子，知道他喜欢听的音乐。从没有刻意去记住什么，只是因为爱，听过见过便再也抹不去。

爱真是一个奇幻的东西，让人深陷其中，如痴如醉，甚至忘了自己是谁。他身上发生一点点细微的变化，她都能敏感地察觉出。偶尔，她看到他在微信上与人聊天，莫名其妙地对着手机屏幕笑；接电话的时候也是含糊其辞，故意闪躲。偶尔几次，他回到家中已是深夜，身上还混着酒气和陌生的香气。女人的直觉告诉她，她苦心经营的爱情，可能就要离她而去。

她的心是多么痛啊！从十九岁到二十六岁，七年最美好的时光，她都如数给了他。为了能够留住他，她对他比从前更贴心，就算已经知道他出轨，也装作毫不知情。可是，爱走了，谁也阻止不了。

某天夜里，她最害怕听到的那句话，还是从他嘴里说了出来——我爱上了别人。

男人离开家的那一刻，世界变成了灰色。她的灵魂和整个世界也跟着他和他的行李，一起离开了。此后的日子，她变得沉默少语，生活也一塌糊涂。她觉得自己丧失了爱的能力，所有的幸福都与自己无关，所有的一切都与她背向而行。

其实，没有谁剥夺她爱的权利，只是她手里还残留着爱情那一点余温，心里还没有真正地释然。

有时，女人会奋不顾身地爱一个人，至死不渝，不离不弃，以为有一天会打动他的心。时光荏苒，岁月如梭，直到青春在等待中消逝不见，才恍悟那终究是恍惚的遥远。他再完美，再优秀，但他不爱你，这是他始终无法改变的缺点。

有时，女人也会不顾一切地留一个人，哪怕爱已逝，情已冷，以为用尽全力、付出所有，就可以唤回曾经的爱，就可以在一转身的瞬间重新拥有。可歇斯底里之后才发现，爱就像手中的沙子，越是握得紧，越是流得快。

一首名为《Lydia》的歌中唱道："幸福不在远方，开一扇窗许下愿望，你会感受爱，感受恨，感受原谅，生命总不会只充满悲伤。他走了带不走你的天堂，风干后只留下彩虹泪光；他走了你可以把梦留下，总会有个地方等待爱飞翔。"

他走了，可他带不走你的天堂，因为天堂在你的手上。想想看，这一生有谁可以寸步不离地伴我们一生，从生至死。恐怕没有。生命就像是一个车站，有人来了，有人离开。我们置身于世界，就像孤独的旅客，独来独往。既然曾经爱过，就算是莫大的缘分，纵然后来分别，也不过生命的又一次成长。才女林徽因曾经说过："绿萝拂过衣襟，青云打湿诺言。山和水可以两两相忘，日与月可以毫无瓜葛。那时候，只一个人的浮世清欢，一个人的细水长流。"

曾看过一则日记，那是一个女人在分手后写下的心声，字字句句中都透着一种洒脱，一种淡定，一种爱自己的幸福：

"我不会再彻夜不眠地等你，不会再躺在床上胡思乱想，想你晚饭后去了哪里逍遥；不会再为了你的粗心大意不带钥匙，而强迫自己从温暖的被窝里爬出来为你开门，更不用担心自己睡着了，让你在外面久等；我不再为你熬夜，把自己整得面色憔悴。

"我不会再每天追着问你想吃什么，不会浪费难得的假日等你回家团聚。我有了更多时间去逛街，看到满大街的衣裙，只要我喜欢的我就买，用不着再听你的'建议'。我喜欢自己挑选的衣服，我喜欢自己光彩照人的样子。

"我不会再唠唠叨叨，变得安静而善解人意。我不会再为你乱扔臭袜子而生气，不会再为你酒后驾车而烦躁不安，更不会在晚饭后打电话催你早回。你的离开，换回了我的自由，我对你已经再没有管理的义务和责任。

"我不会再挑你新欢的各种毛病。因为我相信，现在的我比她更漂亮，更有魅力。曾经和你在一起的时候，我其实很厌恶'黄脸婆'这份工作，你对我的综合要求实在太高，既然我做得不好，那不如炒自己'鱿鱼'！

"现在的我，多了一份理性，也多了一些智慧，朋友见面都说我的状态不错，这让我欣慰不已；现在的我，可以大大方方和任何人说话，再不用担心偶尔说错话而被你责备丢了你的面子。我想对你说一声谢谢：谢谢你的离开，让我开始了更精彩的生活！"

不是每段恋情都有美好的回忆，但也不是每段感情的结束都是一场悲剧。在每一个梦醒时分，悲伤难过都是难免的，可是人生还长，不用把未来的幸福都输给过去。

已经无法修补或是逝去的爱情，不需要过多地留恋。悄悄地销毁他的痕迹，删除所有跟他有关的东西。一个人静下心来，理智地对待这件事，认真反思。如果自己有错，那就把它丢给过去，从回忆中慢慢走出来，重新面对生活，期待幸福，寻找对的人。

做一个内心强大的女子，不畏惧谁的背叛，不畏惧谁的离开。别怕一个人，在独处的日子里，你可以重新认识自我，重新审视自己的价值，重新塑造自我，就像凤凰涅槃，浴火重生。

你若不勇敢，没人会替你坚强

舞台上的哈姆雷特宣读着："女人啊，你的名字是弱者。"从此，这番话就成为了定义女人的经典符号。许多女子也深信，自己就是弱者，身躯柔弱，需要被呵护，被宠爱，被保护，被圈养。可是，在这你追我赶、变幻无常的世界里，太多的艰难、不幸，依然要女人去承担，你若不勇敢，拿什么来为自己挡风遮雨？

相比之下，更喜欢西蒙·波伏娃说的："女人不是生而为女人，而是变成女人的。"风雨来袭时，女人要像男人一样奔跑，带领自己穿越厄运的海洋。生活中有些时候，女人如果自己不勇敢，没人会替你坚强，该坚强的时候，纵使咬紧牙关，也要挺过去。

为了和他在一起，她不顾父母的反对，甚至被父母赶出了家门。结婚那天，父母没有出席，她含着眼泪嫁了，只因不愿为了物质而错过生命中的挚爱。婚后第二年，孩子出生了，父母依然不允许她和爱人一起回家。

直到那一天，全家在医院相聚。母亲的脸上挂着眼泪，对她说："你的命怎么那么苦？"她也掉了眼泪，可嘴里却说："不苦。他的命比我的苦。"她说的他，就是她的爱人。谁曾想到，一向好好的他，突发了脑出血，深夜躺在了地板上。

家里不富裕，住院的押金是借来的。住院半个月，他做了两次开颅手术，喉管切开术，整个人昏迷不醒，吃饭要用管子打进胃里，还要不时地吸痰。他虽未醒，可身体却难受得抽搐。二十八岁的她，在情路上一直坎坷，如今看着昏迷的他，她心痛不已，却始终没想过放弃。

她每天都在空间上写昏迷日记,她希望他醒来的时候,能够知道发生了什么,不想让他的人生有断点,有记忆上的空白。每天,她会给他按摩,和他轻声说话。他昏迷着,可她始终认为他醒着,她不颓废,干净利落,她说:"我知道,你喜欢干净。我不会给你丢脸的。"

医生说,要唤起病人活下去的意志。她对他说:"你不能就这样睡着,你答应过我,要跟我一起过一辈子。我跟你结了婚,给你生了孩子,你不能'骗'我。"她还说:"我会一直陪着你,不管你变成什么样,我都爱你,照顾你。"

昏迷第六十天的时候,他的父亲绝望了,说要出院,放弃治疗。她不答应,她相信,他会醒过来。她每天奔波在家和医院,赶上孩子生病,她又要彻夜不眠地照顾孩子。可是,她依然没有怨言,她依然坚强。朋友问起来的时候,她总是笑着说:"我能扛得住。"

终于,昏迷八十天之后,他醒了,完全恢复了意识,能用嘴吃饭,能说话。她激动得哭了,这是出事以来,她哭得最厉害的一次。哭过之后,她又笑了。尽管,他的右半身依然不能动,可相较之前漫长的煎熬、独自的等待来说,她已经很满意。她说:"没事,咱们还年轻,慢慢康复。"

父母见到女儿这般,心再也硬不下去了。他们原谅了女儿,也为有这样坚强、勇敢、可贵的女儿感到骄傲。

有朋友问她,怨过吗?她说,从来没有,自己选择的路,跪着也要走下去。她还说,她相信,换成是他,他会比自己做得更好。

这不是杜撰的故事,是一位如你如我的平凡女子,在生活中的真实经历。许多朋友自愿到医院去探望她和她的爱人,给她送钱,说是心意,不用还,否则,就是看不起他们。她收下了,可她在一个本子上偷偷记下了,每一个挂念她的人,每一笔钱的数目。她对他说,这些钱,以后都要还。

风雨中的玫瑰是最美的。因为它有精神、有傲骨。百花中梅花是最受人赞美的,因为它不畏严寒,经历艰难以后散发出的美是令人震撼,是摄人心魄的。坚强的女人,就是有这样的魅力,纵然什么也不说，也不解释，可就能用那颗强大的心感染周围所有的人。她们从不会哭哭啼啼，也不会怨天怨地，更不会遇到点事儿就放弃，越是狂风骤雨，越懂得坚守自己。

一位被丈夫抛弃而割腕的女人，最终选择了勇敢地面对自己的伤口。她说："从绝望中醒来，看到洒在窗前的阳光，我的心顿时就亮了。他值得我这样吗？不值！我就像凤凰一样，重获了新生。"之后，她用母爱全身心地照料女儿，日子过得有滋有味。她的心苦过，可是勇敢让这份苦找到了出口。

一位双亲惨遭不测的女孩，忍着眼泪，坚强地活着。她说："我不是不想崩溃，不是不想痛哭，只是哭过之后，还要自己重新整理心情，现实中有谁能够每时每刻在你身边为你擦眼泪？"她把痛苦压在心底，像所有不谙世事的女孩那样，挂着笑容出现在家人和朋友面前，出现在公司里，不知情的人，根本想象不到她的遭遇。若说没有伤心，那是自欺欺人，她的心每天都像是被刀割，而每天都在不断地缝合伤口，她用微笑释放着痛苦，她在坚强中等待着记忆的冲刷。

也许，此刻的你，丢了工作，生活不如意，为情所困，有诸多的无奈。可是，你不要哭，不要自暴自弃，世上没有趟不过的河，也没有迈不过的坎儿，只要你努力，你付出，你坚强地往前走，这些难题都会迎刃而解。

出门的时候，把自己打扮得漂漂亮亮的，清清爽爽的。你把自己撑起来了，就不会被外界的所有压倒，那才是真正的强大。如果你不能将自己撑起，谁也帮不了，哪怕是你的爱人，你的父母，再伟大的情感也不可能强大于你的内心世界。

有时，你可能脆弱得一句话就泪流满面，可有时，选择了坚强，你也会发现自己咬着牙走过了很长的路。唯有自己撑起的天空，才会映出幸福的彩虹。

时光不能倒流,就让一切随风

生活有时就像一个无情的人,强迫我们咽下苦酒。这份惨烈的考验,谁也无法逃避;这份苦楚的味道,谁也不想再回想。可惜,偏偏就有一些女子,始终在为记忆而活,把所有的苦咸,都深深地烙印在心里,反复咀嚼,折磨了自己,辜负了年华。

殊不知,记忆像一本独特的书,内容越翻越多,越来越清晰,越读越沉迷。若只苦苦挣扎,怨声载道,只会让你狼狈不堪,让苦涩的味道永久留迟;若淡然遗忘,阔步向前,也许下一段路上就有良辰美酒。内心强大的女人,永远不会回头去缅怀悲伤,她们为遗忘活着,无论过去还是眼前,那些糟糕的、悲壮的、委屈的事情,都会被化为过眼云烟。

婉云就是这样的女人,对于人生,她看得很开。她总说:"女人这辈子不容易,享受生活的时间原本就不多,该遗忘的就遗忘,该原谅的就原谅,别跟自己过不去。"

或许,是经历得多了,伤过痛过,醒悟了。婉云离过婚。别人都说,她命苦,母亲也这么说。跟着丈夫辛苦奋斗,最后却替别人做了嫁衣。现在的她,是个单亲妈妈,虽有父母的帮衬,可看着她每天忙碌的身影,还是令人觉得心酸。

不过,婉云对自己的遭遇,从未抱怨过什么,甚至根本就没有想,为什么这样的事会落到自己头上。她说:"既然已经这样了,想那些有什么用?能够一起生活几年,也算是缘分,现在缘分尽了,就让他走吧。清清静静的生活,好过吵吵闹闹。"

人在低谷时，雪中送炭者不多，落井下石的事却从不少见。有人说，婉云的婚姻走到这一步，是她自找的。她早就朝秦暮楚，跟了别人。这件事传得风风雨雨，对一个刚刚离婚的女人而言，是一个不小的打击。

得知此事，挚友去看望婉云。吃饭时，朋友试图告诉婉云，是谁在背后诬陷她。谁知，她却笑着说："别告诉我，我不想知道。"朋友很吃惊，问道："你难道不想知道谁在背后制造祸端，找她问问清楚，让她闭嘴吗？"婉云说："知道了又如何？有些事不用知道，忘了最好。"

说完，婉云继续跟朋友开怀畅谈自己筹划的欧洲游，完全把那些乱七八糟的事抛在脑后。她说："这些年，想去欧洲的计划一拖再拖，现在我不想再等了。女人太喜欢把所有的精力都交给家庭了，难免委屈自己。现在想想，人生几十年，也不是婚姻幸福才是幸福，幸福包含的东西有很多。"

如此的豁达大度，令好友不禁对婉云多了一份敬意。她撇了撇嘴说："你这女人啊，很不一样。看你活得这么敞亮，我之前的担心是多余了。"

婉云又给朋友倒上一点红酒，说："我知道你关心我。不过我觉得，你们想得太多了。其实，事情该是什么样就是什么样，解释不解释都一样，更何况你不把它装心里，不把它当回事，它就不会影响你的生活，影响你的心情。记得别人的好，忘了对别人的怨，这样活着不好吗？"

人生，并不总是诗情画意，还有许多痛苦和忧伤。如果将这些东西都存储在记忆里，人生会越来越沉重，越来越悲伤。当你回首往事时会发现，一生中美好的体验只是瞬间，占据很小的一部分，而大部分的时间都交给了失望、犹豫和不满足。女人要学会遗忘，这是一种悦己的能力。

可能你会说，忘记很难。确实，将一件困扰心灵已久的事，从心里突然间地抹去，有点不太现实，但如果不尝试，就永远不可能从里面抽身而出。经常对心里储存的东西进行清理，把该保留的留下来，把不该保留的抛弃。那些给你带来不愉快感受的事情，真的没必要过了若干年还去回味。筛掉不美好的东西，人会过得更快乐、更洒脱。

一则关于走钢丝的故事里讲道：新人走钢丝总是没走几步就掉下来，反复练习还是如此。游刃有余的走钢丝大师告诉他："走，不停地走，直到你忘记了那条钢丝的存在。如果你忘了这件事，你就算真正学会，就可以正式登台演出了。"

其实，生活就跟走钢丝一样。有意识地不让自己去想那些糟糕的事，忘记它的存在，告诉自己"一直想没有任何益处"，依靠着理智和毅力，克制自己的行为。慢慢地，你就不会再特别关注这件事了，你就会忘记它的存在。世上的事很多都是如此，熟悉的人不去呵护，慢慢就淡了；熟悉的人不去回味，渐渐就忘了。

学会遗忘，是一件了不起的事，它需要女人有一颗强大的内心，需要女人有一份豁达的情怀。其实，仔细想想，不遗忘又如何？不过是自己在给自己的心灵上枷锁，不过是在用别人的错误惩罚自己，不过是在让今天重复着昨天的伤痛。韶华易逝，女人能有多少年轻如花的岁月？为了一时间的失意而狠狠地透支青春，透支美好，值得吗？

无论曾经有过怎样的惊天动地，亦无论体验过怎样的悲苦辛酸，在岁月的流逝中，这些最终都将化为平淡。别在过去的甘苦中沉溺，不要再一次次地晾晒那永远也晒不干的往事，把那些该遗忘的是是非非、恩恩怨怨，从残碎的记忆里抽出来，让它随风飘远。

对女人来说，这是一种理智、一种振作，也是一种幸福。因为，世上能让女人强大的不是坚持，而是放下；能让女人淡泊的不是得到，而是失去；能让女人懂得的不是一帆风顺，而是挫折坎坷；能让女人重生的不是等待往事结束，而是勇敢地说再见。

做一朵蒲公英，永远懂得随遇而安

一位作家曾写下这样的话："在人生里，我们只能随遇而安，来什么，品味什么，有时候是没有能力选择的。学会随遇而安，你能够轻松地挫败生活中许多看似不可战胜的困难。这是面对生活最为强硬的方式。"

很喜欢《幸福终点站》这部充满欢乐的电影。不懂英文的主人公维克多，为了完成父亲的遗愿，从Krakozhi（电影虚构的一个国家）抵达美国国际机场。当准备进入纽约时，不巧自己的国家发生内乱，他瞬间变成了一个没有国籍的人，身上的证件失效，钱也变成了废纸。他陷入了一个尴尬的境地，既不能回国，也不能入境，只能停留在机场。因为语言不通，他无法与人交流，还受到了诸多不善意的对待。

在这样一个繁华而又冷漠、各色人物来往的机场里，维克多并不绝望，也不难过。为了与机场人员沟通，他自学英语，还帮机场工作人员做翻译，毫不吝啬地帮助别人。渐渐地，他跟机场的警察、饭店人员、清洁人员、空姐"明星"都成了朋友，趣事连连，丝毫体会不到悲伤的味道。九个月后，战争结束，他的国家又恢复了和平。在朋友们的帮助下，他完成了父亲的遗愿，而后他圆满地"回家"。

有人说，这是诠释"随遇而安"的经典，它告诉所有人，生活随时都有可能出现意外，夺走我们生命中那些至关重要的东西，甚至让我们变得无依无靠。可是，真的不要紧，只要还有一颗懂得随遇而安的心，或许就能在转角处遇见新的希望与生机。

缘由心生，随遇而安；心无挂碍，一切随缘。水的流淌不择道路，树的摇摆自由自在，它们都懂得随遇而安，所以它们没有悲欢的姿态。人生，亦不过如此。一份优雅能把忧愁刻成永久的历史，一份淡定能把忧虑嵌进古老的屏风，一份豁达能把狭隘衔入流水般的时光，一份乐观能把失落冲散为点点雪花，消融于满怀希望的土地。

爱生活、懂生活的女人，要有树的独立，要有竹的清高，要有梅的傲骨，更要有蒲公英的淡然。小小的蒲公英种子随风飘荡，随风停歇，不择生长的地方，却在每一片土地上都能倔强地开出黄色的小花，结出一粒粒种子。它的生命力如此顽强，它又是那样的不屈不挠，不择环境，不嗔不怨，随遇而安，坦然潇洒。

杨帆的名字是母亲为她取的，母亲希望她在跌宕起伏的生活中，永远扬着生命的风帆。

四岁的时候，杨帆的父亲因工伤而失明。她依稀记得，事后的两三年里，总有人劝母亲改嫁，说她这样太辛苦。母亲只是笑笑，说不会改嫁，也不会丢下他们父女俩。母亲从来都是笑盈盈的，身上的衣服再旧，可是永远干干净净的；家里的摆设再陈旧，可永远一尘不染。母亲总说："随遇而安，知足常乐。"

父亲看不见，可母亲总是搀扶着他到外面散步，给他讲天气怎么样，周围的人和事怎么样。偶尔，她还会在家里和父亲一起听广播。每每看到这样的情景，杨帆也会为父母之间的情意而感动。偶尔听到邻居夫妇大吵大闹、孩子哭叫，她更是觉得，人生的幸与不幸，不能只看表面。

母亲的生活态度，深深地影响着杨帆。她很容易满足，并乐于接受生活所赐，哪怕是不美好的东西。她没有富裕的家庭条件，别人买精美的书签，她就用美丽的银杏叶；别人买玩偶，她就种花。这样的经历和习惯，慢慢地让她更懂得感受生活、发现生活里那些富有生命力的事物。

毕业后，周围的人四处找关系，想进入附近的一家大企业。只能依靠自己的杨帆，不羡慕，也不嫉妒，她被分配到一家工厂做内勤。单位的效益不是很好，可是能自己赚钱，减轻母亲的压力，她就很知足，每天踏实地做自己的事。

结婚后，丈夫的单位分了一间宿舍，面积不大，条件不好。很多人抱怨，可杨帆却觉得挺幸福。宿舍离单位很近，不用急着早起去赶公交车，省下路上的时间，还能给家人做早饭。

杨帆善良，可有人却偏偏利用她的善良欺骗她，害她损失了一笔钱，而且那个人还是自己的亲表姐。许多人替她喊冤，说那位表姐如何不地道，杨帆却说："没什么，至少我学会了法律，不管多么亲近的人，也不能轻信承诺。"收拾起破碎的心，她继续前行。

三十岁那年，杨帆生了一场病，所幸肿瘤是良性的。躺在病床上的她，依然面带微笑。她说："病了也没什么不好，终于能停下来歇歇，还能感受到重生的幸福。那么多朋友，平日里联系甚少，可这时都很关心我，我觉得很难得。"病愈之后，她比从前更珍惜身边的人，更珍爱自己。

和母亲一样，杨帆随遇而安地活着，她也把这个幸福的哲学告诉了自己的孩子。她不求孩子有多优秀，能超越多少人，她觉得，随遇而安就好，想得开比什么都重要。

《幽窗小记》里有这样一副对联：宠辱不惊，闲看庭前花开花落；去留无意，漫随天外云卷云舒。意思是说，要视宠辱如花开花落般平常才能够不惊，视名利如云卷云舒般变幻才能够无意。

随遇而安不是一种消极的态度，是一种理性的清醒；不是得过且过的颓废，而是尽人事知天命。随遇而安的女人，不过多地执着于那些自己无能为力的东西，只要把自己够得着的事做得尽善尽美，寻求内心的坦荡与安然，就会知足；随遇而安的女人，不会强迫自己，她不是不思进取，也不是止步不前，更不是拒绝挑战，而是有所选择，有所退让，不沉迷于不切实际的幻想，立足现实衡量自己，评价别人，愉快接受，积极适应，她们有一份智慧的头脑，亦有一颗恬静的心。

怎样才算是内心强大的女人？或许，没有什么比临危不惧、宠辱不惊的女子更配得上这样的称谓了。

人生犹如一场戏，太认真你就输了

失恋时她说："他夺走了我所有的幸福，这辈子再不会这样爱一个人了。"

物转星移，世事变迁。未来的某天，她遇到了一个彩虹般绚烂的人，又燃起了初爱时的悸动，再想起从前的种种，才发现那些伤竟也不那么痛了，那所谓的"不会再爱"也只是一时间陷入悲伤的哀怨。原来，聚散离合，本是世间最平常的事，用不着太认真，时间自会抚平所有的创伤。

不济时她说："生活的酒太苦了，五味杂陈难以下咽，这日子什么时候才能结束？"

回顾四周，霎时惊醒。那光鲜亮丽的人，也有难以启齿的苦楚；那看似没有哀愁的人，也有难以告人的心事。想到置身于对方的位置，她忍不住往后退，宁肯守着眼前的不美好。守着守着，不知不觉，云消雾散。原来，人生没有过不去的坎儿，也没有到不了的明天，许多事儿不必太认真。

人生福祸相依，变化本无常。身在不谙世事的年纪，偶尔认真一点，固执一点，倔强一点，也不过是青春的荷尔蒙作祟，那是成长的必经之路，无人责怪。若是年事渐长，阅历渐广，涵养渐深，依然对世事锱铢必较，那未免显得有些太过浅薄。

都说淡定的女人有一颗强大的心，这种强大其实就是看淡世事浮沉，看淡缘生缘灭。生命给了什么，那就享受什么，不贪恋，亦不憎恨，得之我幸，失之我命，仅此而已。有缘既往无缘去，一任清风送白云。退一步说，人生就像是一场戏，分分合合，吵吵闹闹，起起落落，只是舞台上的某一情节，不会定格，亦不是结局，何必计较风消云逝呢？

许多事，本就分不清是非对错，非要较真弄出黑与白，实在是苦了自己。也许，每个女子都该静心品味一下那则"枯荣随缘"的禅语故事——

药山禅师有两个弟子，一个叫严云，一个叫道吾。

一天，师徒三人到山上参禅，药山想试试两位徒弟是否开悟。他看到山上有两棵树，一棵长得很茂盛，一棵已经枯萎。他随口问道："你们看这两棵树，是荣的好，还是枯的好？"

道吾理直气壮地说："当然是荣的好，生机盎然，繁茂高大，能给人们遮风挡雨。"

云严说："我看还是枯的好，不会遭受杀伐之苦。"

这时，有位老者从旁边经过。药山走上前去问："有烦老人家，你说是荣的好，还是枯的好？"

老者说："荣的任它荣，枯的任它枯。"说完，头也不回，急匆匆地赶路去了。

药山禅师感叹："是啊！荣有荣的好，枯有枯的好。"

事物本身不存在好坏，好与坏只存在人心。很多时候，看到的未必是真的，妄执的未必是对的。换句话说，计较了半天，较真了半天，都是徒劳的，根本无所谓对错。世事匆匆，犹如花开花谢，不过是荣的任它荣，枯的任它枯。女人要学会活得坦然一些，凡事不能太较真，抛却是非心、得失心、分别心和执着心。

回头想想，芸芸众生，都不过是浮世里的一粒微尘，在广阔的天地间何其渺小，在人世的宿缘中何其微渺？生命只能活一次，这是不争的事实，既然如此，又何必太累，自己折磨自己呢？不去计较，从心而入，随缘而出，如此刚刚好。

许多女人活得苦，活得累，并不是生活怠慢了她，只是她太过于计较，敏感与苛刻让她的心始终无法安宁下来。她们或许不知道，《圣经》里有这样一句话："是你自己的眼睛里先有了梁木，你怎么对别人说：让我拔掉你眼中的那根刺吧！"

陈默在饭厅里吃宵夜，滴答滴答的水声不停地传入她的耳朵里。当时，外面正下着雨，她以为是邻居家的阳台发出的声响，也就没有在意。饭后，她像平日里一样，躺在床上看书，倦了就睡去。半夜，滴答声越来越响，越来越密集。她爬起来，走到饭厅，发现厨房的天花板在漏水。这一夜，她没有睡好。租了一幢漏水的房子，实在太郁闷。她先想到了房东，后又想到了中介，还想到了楼上的邻居……想着要找他们理论。

辗转反侧，翻来覆去，天亮了。她刚准备对列入"黑名单"的人打电话讨伐，就听见了门铃响。楼上的邻居，带着一脸歉意和微笑，说："对不起，昨天晚上我们家饭厅的地下水管裂了，饭厅蓄了水，一定流到你们家了，很不好意思。"想想自己的计较，看着邻居温和的态度，陈默顿时觉得自己有点小题大做，也有点咄咄逼人。

其实，这不过是一桩小事而已，何必伤神动气？何必想着苛责别人？生活中类似这样微不足道的小事实在太多，若总让它们影响自己的心境，把自己放在受害者的位置，大张旗鼓地对周围人讨伐，只会弄得乌烟瘴气，鸡飞狗跳。就像陈默那漏水的饭厅，到最后发现，不过是一次意外，不是任何人的错。

人生不应去强求，也无须去执着。不属于自己的，求来了也无用；属于自己的，也不必苦苦追求。该放手的要及时放手，该远走的莫去强留。须知天下无不散之宴席，从来聚散不由人；须知英雄也会迟暮，壮志也会难酬；须知人生不如意十之八九，顺势只得一二；须知爱是五百次擦肩换回的一次回眸，也是前世修成的正果。

女人要用一颗平常心面对所有。不强求、不固执，该放手的及时放手，该远走的决不强留。知道天下没有不散的宴席，聚散不由人；知道英雄也会迟暮，壮志也会难酬；知道人生不如意十有八九，可与人言无一二。能坐看云起云落、花开花谢，面对沧桑，有一份云水悠悠的淡定。以这样的心态对待每一天，生活会充满自由和惬意的阳光。

耐得住寂寞，不因诱惑而迷失自己

张爱玲曾经写下过这样的文字："她不诱惑，也不受诱惑，如她在人生的盛宴里，不醉，也不劝人醉。她知道生命的甘味，在于浅尝辄止。而令来自花朵的啤酒，结出最丑陋剧毒果实的，是无尽的贪杯。"这番话，无疑是给现代女人的最好忠告。

新鲜、刺激、温暖、美好，总是能让女人情不自禁地心动，难以冷静地说"不"。诱惑有着一件美丽的外衣，散发着独特的魅力，可那终究是一株开在心底的罂粟，色泽艳美，花香诱人，一旦碰触了，往前是万劫不复的悬崖，退后也已无法再回到最初。

中美洲河流的湿地里，生长着一种奇异的香菇草。在其他河边草努力抢占最肥沃、光照最好的土壤时，它默默地躲在那些养料稀少的乱石之下的泥土里，长得又矮又小。每年汛期，河水迅速上涨，湿地里的许多草类都被无情地冲走，而香菇草却总是安然无恙。原来，香菇草主动放弃养料和阳光最充足的地方，是为了把根系深埋在难以被冲走的乱石之下。它悄无声息地在乱石下扎稳了根，得到石头的保护，赢得了生存下去的机会。

女人，也该做一株耐得住寂寞的香菇草。不管是面对金钱，还是面对感情，都要保持一颗强大的心，做到不贪恋、不苛求，守住内心的底线。

与男友相恋七年了，在外人眼里，他们之间只差一纸证书。只是，跑了这么久的马拉松，彼此之间熟悉得像左右手，难免没有一丝厌倦。七年之痒，也不仅仅是围城内才有的事。

做内心强大的女人 ②

男友是防腐工程师，经常在外地做项目，一走就是三四个月。最初，他们还抱着"小别胜新婚"的想法，每次男友回来，两人都如胶似漆，珍惜每分每秒的相聚，就像是积压已久的爱恋，顷刻间全部爆发，火热而浓烈。聚少离多的日子，就这样过了几年。渐渐地，她发现自己的耐心越来越少，也很难依靠着回忆和憧憬度日，想哭的时候没人安慰，想说话的时候没人倾听，除了寂寞，还是寂寞。她不再数着日子过活，不再有期盼，只是感慨，时间流逝。

又到了情人节，男友依然不能陪在她身边。在她的印象里，生日、情人节、圣诞节、恋爱纪念日，他们总是分隔两地。她走进了附近的一家酒吧，在朦胧的光影中，望着形形色色的人，心中的寂寞更多了一分。

她的面前突然出现一杯酒，抬起头，是调酒男孩儿清新的笑。他说："看你挺孤单，请你喝一杯。"简单的一句话，普通的一杯酒，她竟被深深地打动。望着男孩儿清澈的眼，她说："情人节还上班，女朋友不怪你吗？"

他笑了："我没有女朋友。有女朋友的同事调休了，我来替班。"

他的阳光，他的清新，他送的酒，感染了她，让她觉得快乐。自那以后，她成了这间酒吧里的常客，并逐渐了解了男孩儿的上班时间，只在他上班的时候光顾。她总是坐在吧台喝酒，看着男孩调酒，待他不忙时，和他聊上几句。

不知为何，她没有向男孩坦白自己的感情，男孩也没多问。他觉得，留一份神秘感，会更有吸引力。彼此接触了一段时间后，他们走到了一起。那时的她，依然没有和出差的男友分手，而男友对此也毫无察觉。

在与男孩的交往中，她找回了曾经的激情澎湃。男孩儿比她小三岁，热衷于新鲜的事物，和他在一起，她觉得自己也变得年轻了。可是，生活总是多面的，享受新鲜刺激的同时，她也发现了男孩的不成熟。

每次，她身体不舒服时，男友总是打电话嘘寒问暖，叮咛嘱咐。近在咫尺的男孩，却连一句问候都没有，只顾着跟他的朋友们在一起。她情绪低落时，男友会寄来一些礼物安慰她，而男孩却总说她胡思乱想。最初的新鲜感退却了，剩下的只有冰冷。她心里，若有所失。

她生日的时候，男友专程从外地赶回来，拿出一枚早已准备好的钻戒，向她求婚。他说："对不起，让你等了这么多年。我知道，我一直忙着工作，很少陪你，可我会尽自己最大的能力，给你最好的生活和关心。"

她哭了，哭得一塌糊涂。男友以为她只是感动，可她心里清楚，她带着一丝愧疚，还有一丝悔意。她跟男孩在一起，不是建立在彼此了解和付出的基础上，她只是被他的年轻活力，还有重拾爱情的感觉诱惑了，根本不是爱情。可她不怪男孩，因为他没有错，是她踏出这一步的，是她没能耐得住寂寞，败给了自己的心。

终于，她和男孩彻底分开，找回了一份淡然的心境。不久之后，她结婚了。婚后的日子，与过去没什么两样，他忙着到各地出差，她守候着小家。她知道，无论他走到什么地方，无论要等待多久，她都会心平气和，不受诱惑。

许多时候，感情的走样不是因为彼此不再相爱，而是因为心在寂寞的时光里，没能抵挡住诱惑。女人若能够让寂寞在宁静中自持，幸福随时都能上演。

也许，每个女人都该用心读一读汪国真的那首诗："凡是遥远的地方，对我们都有一种诱惑，不是诱惑于美丽，就是诱惑于传说。即使远方的风景，并不尽如人意，我们也无需在乎，因为这实在是一个，迷人的错。仰首是春，俯首是秋，愿所有的幸福都追随着你，月圆是画，月缺是诗。"

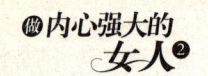

告别卑微懦弱，你虽温柔但要有力量

法国著名文学家蒙田说："谁害怕受苦，谁就已经因为害怕而在受苦了。"

切尔维亚科夫从容自然地打了一个喷嚏。他知道，不管在什么地方，打喷嚏这种生理上的反应，都是很正常的事，算不上犯忌。他拿出兜里的小手绢擦了擦脸，像那些有礼貌的绅士那样往四下里瞧一眼，但愿自己的喷嚏没有搅扰到别人。

这一看不要紧，他的心马上揪成了一团。坐在他前面，也就是正厅第一排的一个老头，正在用手套使劲地擦着他的秃顶和脖子，嘴里嘟嘟囔囔地不知道在说些什么。切尔维亚科夫认得他，那是在交通部任职的文职将军勃利兹查洛夫。

"难道说，我把唾沫星子喷到他身上了？"切尔维亚科夫暗想，"他不是我的上司，可他是别处的长官，这恐怕还是有点不好，应该给他赔个礼才是……"切尔维亚科夫把身子向前探出去，凑到将军的耳根小声说："对不起，大人，我把唾沫星子溅到您身上了……我是无心的。"

"没关系，没关系……"对方简单地应和道。

"请您看在上帝的面上原谅我，我发誓……我真不是故意的。"

"哎，劳驾您好好坐着，我要听戏！"

切尔维亚科夫有点尴尬，他只好老老实实地回到座位上。此刻的他，眼睛盯着舞台，可心里却乱糟糟的，惶恐不安。戏中演的是什么，他根本就不知道，也不再关注。

到了休息时间，他走到勃利兹查洛夫跟前，在他身边走了一会儿，压下胆怯的心情，叽叽咕咕地说："我把唾沫星子溅到您身上了。大人，请您原谅，我本来……不是要……"

"唉，够了！这件事我都已经忘了，您却一直说个没完。"将军的语气中透出了不耐烦。

切尔维亚科夫回到家，把这件事告诉了妻子。妻子先是一惊，后又得知勃利兹查洛夫在别处工作，便也就安心了。看到妻子的态度，切尔维亚科夫觉得她过于轻率了，根本没意识到问题的严重性。

第二天，切尔维亚科夫穿上新制服，理了头发，到勃利兹查洛夫那儿去解释。他走进将军的接待室，看到那里有不少人请托各种事情，将军本人就夹在他们中间，听取各种请求。将军问几个请托事情的人一会，就抬起眼睛看着切尔维亚科夫。

"大人，您还记得吗？昨天，在剧院里……"他开始一本正经地说，"我打了一个喷嚏，而且……不小心溅到您身上。请您……"

"简直是胡闹！上帝才知道是怎么回事！"将军扭过脸去说。

"大人！如果我搅扰了您，那我纯粹是出于懊悔的心情……我不是故意的，您知道吗？"

将军的表情像是一副哭相，无奈地摇了摇头。"您简直是在开玩笑，先生！"将军说着，走进内室，关上了身后的门。

"我怎么会是开玩笑呢？"切尔维亚科夫不解地想着，走回家去。他想给将军写封信，可又没写成。他想了又想，怎么也不知道这封信要怎么叙述才好，只好第二天又去解释。

"我昨天来打搅您，"他等到将军抬起问询的眼睛，才叽叽咕咕地说，"真的不是像您说得那样为了开玩笑，我是来道歉的。因为我打喷嚏，溅了您一身唾沫星子……至于玩笑，我想都没想过。我敢开玩笑吗？如果我开玩笑，那么我对大人物就……没有一点敬意了……"

"滚出去！"将军脸色发青，嘴唇颤抖，突然大叫一声，出去了。

切尔维亚科夫什么也看不见，什么也听不见，退到门口，走出去，到了街上，慢腾腾地走着……他回到家，没脱掉制服就在长沙发上躺下了。这一躺，就再没起来。他的妻子，也随他而去。

这是契诃夫所写的《一个小公务员之死》。切尔维亚科夫谨小慎微，战战兢兢，卑微不已，他那敏感脆弱的狭窄之心，揭示了一类人可悲的心灵状态。记得弗兰克曾说："如果你是懦夫，那你就是自己最大的敌人；如果你是勇士，那你就是自己最好的朋友。"

回归到我们的生活中，卑微懦弱的女子何止一个？懦弱的人，胆子小，害怕坏事落在自己头上；做事过度小心，办事缺乏魄力，怕惹麻烦，遇到困难就想逃避；不善冲突，也害怕刀剑，只愿意做柔顺的羔羊，任人宰割；为人处世过于谨慎，生怕一不小心得罪了上级或比自己强势的人；害怕机遇，不习惯迎接挑战，她们从机遇中看到的是忧患，而在真正的忧患中，又看不到机遇……那份极其敏感的心思，经不起一点风吹草动，时刻被各种各样的忧虑、担心困扰着，看不到前方的路，看不到前方的风景，也过不好眼前的生活。

女人，你是否扪心自问过：这样活着，我快乐吗？纵然你是水做的，你有温柔流淌，可你还要有滴水穿石的坚韧，奔流不止的勇敢。就像江美琪在歌中唱到的那样："我的心是一片海洋，可以温柔却有力量……我想要大声歌唱，每个人都不能阻挡……"

做个温柔而强大的女子，要始终保持自信，遇到比自己强势的人，不要改变自己处处讨人喜欢，也不必畏惧权威。多肯定自己，多表达自己，养成从自己的角度思考问题的习惯，增强自我的价值感。这样，你就不会过于敏感，过于谦卑。即便是权威人物对你给予不好的评价，那也不必太过在意，直接面对，有则改之无则加勉，没什么大不了。

当一个女子能以勇敢淡定的心态面对一切，以从容的姿态示人，她才是真的成熟、真的强大，那不是要装作给谁看，而是内在的真实修炼。

Chapter 6
幸运不是幸福，别让爱情输给了岁月

能在茫茫人海中，遇见心灵之伴侣，是人生的一大幸事。遇到了那个人，不要轻易错过。即便拥有了，也要懂得珍惜。轰轰烈烈的爱情不过是开始，能够经得起平淡的流年才是幸福。女人要学会的是，别让爱情输给了岁月。

你若不珍惜，没有人会在原地等你

男孩和女孩是一对青梅竹马的恋人。

有一天，男孩和女孩去逛街，路过一家首饰店的时候，女孩看到摆在玻璃柜里的一条金项链，依依不舍。男孩看得出来，她很喜欢。况且，女孩的皮肤很白，配上这条项链显然会很漂亮。可是，他摸摸自己的钱包，脸红了，只好故意装作不知道女孩的心思。

几个月后，女孩的生日到了，他们叫了三五好友一同庆祝生日。饭桌上，男孩喝了不少酒，而后拿出送给女孩的礼物，正是女孩当初看上的那条心形的金项链。女孩高兴地吻了一下男孩的脸。过了一会儿，男孩憋红了脸，搓着手，低声地说："不过，这项链……是铜的……"声音不大，可在场的朋友也听见了。

女孩的脸腾地一下涨红了，把准备戴到脖子上的项链揉成了一团，随便放在了牛仔裤的口袋里。她端起酒杯，大声地说："来，喝酒！"那一晚，直到宴会结束，她都有没再看男孩一眼。

不久后，女孩结识了一个浪漫而富有的男人。当他一次又一次把闪闪发光的金首饰戴到女孩身上时，女孩那颗爱慕虚荣的心被他俘虏了，她觉得自己遇到了对的人。很快，他们在外面租了一间房子，然后同居了。男人对女孩百依百顺，女孩庆幸自己选择了他。

然而，幸福的日子没能持续下去，在女孩发现自己怀孕的同时，男人竟然失踪了。

房东再一次催她缴纳房租时，她只好带着所有的金首饰去了当铺。当铺老板眯着眼睛看了一下，说："你拿这么多镀金首饰来干什么?我这里不收的。"女孩愣住了。接着,老板的眼睛一亮,扒开一堆首饰,拿出最下面的那条项链,说:"嗯,这倒是一条真金项链,还能当一点钱。"

女孩一看,那不正是男孩在生日宴会上送的那条"铜项链"吗?当铺老板掂量着那条项链,问她:"你打算当多少钱?"女孩什么也没说,一把夺过那条项链就走了。

安意如曾说:"在爱中蓦然回首,那人却在灯火阑珊处,寻找和等待的一方都需要同样的耐心和默契,这份坚定毕竟太难得,有谁会用十年的耐心去等待一个人,有谁在十年之后回头还能看见等待在身后的那个人?我们最常见的结果是,终于明白要寻找的那个人是谁时,灯火阑珊处,已经空无一人。"

多么令人感怀的一段话,多么令人揪心的一段话。多少女人,在拥有的时候,在置身于幸福中的时候,以为幸福在下一个路口,满心欢喜、憧憬着美好地向那里奔去,可抵达终点的时候才发现,那不过是海市蜃楼,再想回过头走一遍来时的路,却已经迷失在街头;就算有幸找回了来时的路,那里的风景也早不复当初。

婚姻登记处,工作人员让一对新人填写信息的时候,准新娘却突然惊慌失措地跑开了。

这个逃跑的新娘叫方怡。

读书时,他曾向她表白,漂亮傲气的她,根本不把他放在眼里。面对男孩炽热的告白,她不屑地说:"我是不会跟你在一起的,我们不是一个世界的人。再说,你这么不起眼一个人,凭什么追求我?"

他不生气,认真地说:"就凭爱,谁都有爱的权利。"她没想到,看似平庸的他,竟然会说出这样的话。她盯着他看,然后漫不经心地说:"那你就耐心地在后面排队吧!"

那时,她喜欢的是那个像风一样的男子。终于,毕业前夕的舞会上,风一样的男子向她表白了:"我爱你,我想和你在一起。"她被折服了,折服于他的帅气、他的阳光、他的阔气。她紧紧地与他拥抱在一起,心甘情愿地被他牵走那颗骄傲的心。回眸中,她无意间瞥见了他,维护爱的权利的他,在欢呼中默默地走开了。

毕业之后，风一样的男子漂洋过海去了美国，留给她的，只有无尽的相思。她迟迟地等着远方的萧郎，而追求她的平庸男孩依然不离不弃。他问她："现在，我在你心目中有位置吗？"方怡被他感动了，决定和他在一起。

可是，到了真正决定要相伴一生的时候，方怡却从登记处逃跑了。她明白，感动不能代替爱情，她不能因为感动而结婚。她给他发了一条信息：对不起，请给我三年时间。

之后的三年，方怡还在思念风一样的男子。最后的一年，她也试图跟另外的人恋爱，可那个男人却在酒后打了她。这时，她突然无比怀念那个爱了她数年的他。那一刻，她知道，她其实早已不爱风一样的男子，她爱的只是曾经的感觉。

她朝着车站冲去，一路上不停地对自己说："我要站在他面前，大声地告诉他，我要嫁给他。"她想，他听到这番话一定很惊讶。

可是，当他开门的时候，她分明看到，他身后站着一个漂亮的女孩。男孩给她介绍："这是我女朋友，她来给我过生日。"她大脑顿时一片空白，淡淡地说："我出差路过这里，来看看你……"

送她离开的时候，他说："我等了你十年，可你始终没有给过我确定的答案，也始终没有记住过我的生日。我，不想再等下去了，现在的她对我很好。"

方怡转过身，眼泪挂满脸颊。她执着于风一样的男子，把自己困顿其中，却错过了最可贵、最该珍惜的感情。可是，还能怎么样呢？回头，无路可退。

生活就是这样，你选择了离开，它也不会因此而止步。或许有时，你会幻想时光可以重来一次，那样的话就可以重新选择一切，面对相同时间里发生相同的故事，不会再重蹈覆辙，不会再走眼前的心路。可惜，时光不会倒流，就如流水一样，永远不可能流向高处。

女人，你若不珍惜，没有谁会一直在原地等你。花开堪折直须折，莫待无花空折枝，这个世界上最长久的幸福，叫作珍惜。

别让你的爱情卑微地低到尘埃里

张爱玲说："女人在爱情中生出卑微之心，一直低，低到尘土里，然后，从尘土里开出花来。"

因为爱，她觉得胡兰成高贵、伟岸，觉得他是世间最好的男子，他的一切无人企及。遇到了他，她一次次地放低自己，把自己看成一朵渺小的花。他若看到了，她便心生狂喜；他若没有低头，她便永远地埋在尘土里。

一个充满才情的女子，一个冷傲倔强的灵魂，在遇到了所爱之人时，竟没有了飞扬与高贵的脾气，生怕自己做得不好而失去他；从上海跑到温州，低眉顺眼地坐在他跟前，只为听他说上五六个小时的话。她的低微与狂恋，让胡兰成胜利在握，在赞美她的时候，他一样赞美着其他女人；与她在一起时，他也偷偷地与其他女人密会。

在这一场爱情的对决中，张爱玲输了。她输掉的不仅仅是所爱之人，还有那一颗高贵的心灵，和从容的姿态。爱到卑微，真的不是一件伟大的事。卑微换不来爱情，也换不来平等与尊重。爱再怎么可贵，也不足以让女人牺牲自己，放弃尊严。

相比张爱玲，玛格丽特·米切尔爱得更高贵。

玛格丽特生来就有一种反叛的气质。成年后的她，因为一时冲动，嫁给了酒商厄普肖，可惜这段婚姻不久便以失败告终。与其说是厄普肖冷酷无情、酗酒成性毁了这段婚姻，不如说是玛格丽特的婚姻爱情观有缺陷。她太迷恋厄普肖了，简直就是一副仰天崇拜的姿态，如此卑微的爱，助长了厄普肖的狂放不羁，他对玛格丽特越来越不在乎。

这场失败的婚姻，让玛格丽特明白了女人在婚姻中的平等性。之后，她很快重新振作起来，又与记者约翰·马什结婚。玛格丽特打破了当时的惯例，在门牌上写下了两个人的名字，她说："我要告诉所有人，里面住着的是两个主人，他们是完全平等的。"更奇异的是，她坚决不从夫姓，这让守旧的亚特兰大社交界大为惊讶。

幸好，约翰·马什也提倡夫妻之间的平等。与他结为夫妇，是玛格丽特的幸运。马什一直支持和深爱玛格丽特，在他的鼓励和支持下，玛格丽特开始默默从事她所喜欢的写作。十年之后，《飘》正式出版，她一夜成名。

在爱情里，同样不卑微的还有《傲慢与偏见》里的简和伊丽莎白。

简，班纳特家的大女儿，虽不是商贾贵族出身，却从不卑微。从接到宾利妹妹的信，到去伦敦为了"巧遇"宾利却无果而归，再到宾利上门问候却没有任何表示，她燃起的希望一次次地被熄灭。可是，无论她内心多么煎熬，她看起来仍然波澜不惊。直到宾利鼓足勇气扔掉所有的客套与礼貌，大声表达他的愧疚与歉意时，她露出了笑容与感动。在一个贵族男子面前，她没有自卑，不哭不闹，端庄温柔，坚守着"无论你是谁，我还是我"的淡定，着实令人敬畏。这一点，她跟简·爱有相似之处，不同的是，她的气质里更多的是淡雅。

伊丽莎白，班纳特家的二女儿，个性迷人。在那个只能靠嫁个有钱男人改变自我价值的年代，她坚守着自己的爱情观，不因出身平平而趋于权贵，也不用金钱衡量爱情，在傲慢的达西面前，她没有丝毫的自卑与怯懦。

爱得软弱而卑微的女子，永远不可能成为幸福的女人。因为她给自己挂上了卑微的名字，在感情里是一副讨好的姿态。可惜，这样的姿态，只能换来对方的冷淡和忽视。你爱得越是卑微，越会加速他离开你的步伐，甚至尽可能地调动并利用你的爱，压榨你的金钱、柔情和各种社会资源，从中获益，再将你一脚踢开。

三十岁的她,在海外工作,单身一人。

一次旅行中,她认识他,一个四十岁的单身男人。他是某公司的区域经理,常年在海外工作。当时,她对自己的工作不是很满意,留意到他所在的公司很好,便用心与他接触。旅行中,她帮了他一个小忙,他也记住了她。之后,他们就在网上联系,又相约一起出去旅行了几次。渐渐地,两人关系熟了,她如愿地进了他的公司,并在他下辖的区域工作。

起初,她只是想利用他的关系。可接触多了,她发现他人品很好,周围的人对他评价也不错。就这样,她爱上了他。他对她也不错,知道她对自己的崇拜,工作上也很照顾她。看着他的面子,领导、同事也照顾她这个新人。她弟弟出国留学,因为钱不够,他出了一半的学费。

他也有缺点,脾气暴躁。因为工作上的一点小错,他就能把她骂哭。可他又不忌讳别人知道他们的关系,当着同事的面让她下午帮他去办一些私人的事。他很少与她交流感情,唯一的交流方式就是肌肤之亲。她觉得很受伤。因为,她已经把他当成了爱人,工作上帮不到他,可在生活上却极力在照顾他。

她从未直接表达过自己的爱,他也没有。她有点自卑,有男孩追求她的时候,她故意让他看到。可他,并不是那么在意。也许,是因为追求他的女人太多了。她心里明白,也许自己根本就不是他结婚的选择。他聪明沉稳,她迷糊幼稚。他出生于官宦的家庭,她却只是平民之女,他不会选择这样的女人做妻子,他的家庭也不会允许。

她经常会陷入痛苦中。她想:为什么要继续维持这段感情?为什么自己还要深陷其中?每次知道他与其他女人的故事,她都会做噩梦。可是噩梦之后,又要假装什么都不知道,因为他从未给过自己承诺,她怕自己的生气和嫉妒徒增他的烦恼,惹得他厌恶,最后让他们的关系结束得更快。

她把自己的故事讲给一位情感女作家,问她该怎么办?女作家只回了一段话:"我爱得很安静,却从不卑微;我也会走得很干脆,但那不是绝望。作为女人，永远不要爱得卑微，只有把自己当成珍宝，男人才会如此对你。"

后来，她决绝地辞职，离开。她对他说："我爱不起不爱我的人，我的青春也爱不起。我的微笑，我的眼泪，我的青春，只想为我爱的也同样爱我的人挥霍。"

无论爱情还是婚姻，都需要平等和尊重。每个女人都该做心理上的女王，而不是灰姑娘。哪怕你再爱一个人，哪怕他真是高贵的王子，也要保持理智的头脑，保持一份做女人该有的骄傲，不要过分殷勤，也不要急于讨好。爱得不卑不亢，才能赢得男人的爱和尊敬，才能掌握爱情的主动权。

嫁给王子不是幸福，婚姻靠的是经营

灰姑娘住进了华丽的城堡，从此与王子过上了幸福的生活。

这一段美妙的童话，令无数女子动容。几乎每个女子，都希冀着能够有一场那样美妙的爱情。可是，有谁知道，麻雀变凤凰的背后，也有着豪门深似海的无奈；又有谁知道，童话里那所谓的幸福生活究竟什么样。

醒醒吧，爱做梦的女人们！灰姑娘的幸福，始终是一场童话。遇见了王子，不一定是美好的开始；步入了婚姻，也不等于会一辈子幸福。

萧伯纳曾说："此时此刻在地球上，约有两万个人适合当你的人生伴侣，就看你先遇到哪一个。如果在第二个理想伴侣出现之前，你已经跟前一个人发展出相知相惜、互相信赖的深层关系，那后者就会变成你的好朋友；但是若你跟前一个人没有培养出深层关系，感情就容易动摇、变心，直到你与这些理想伴侣候选人的其中一位拥有稳固的深情，才是幸福的开始，漂泊的结束。"

也许这番话有些晦涩难懂，可细细品读，就会发现它是在传述幸福婚恋的智慧。遇到谁、爱上谁，不需要努力，但要持续地爱一个人，让一份激情变成稳固的深情，就必须用心培养。结婚不是幸福的开始，经营才是。女人不要太钻牛角尖去寻觅幸福，而是要把精力用在经营幸福的能力上。

有一对年过半百的夫妻，经济条件还不错，本该安享退休生活，却闹到了离婚的地步。原因是，结婚二十多年来，两人争吵不断，意见总有分歧。办完手续后，律师请两人吃饭，服务生送来一道烧鸡，先生把他最喜欢的鸡腿夹给妻子，妻子却瞥了一眼说："我很爱你，可你这些年太自以为是了，从来不顾别人的感受。难道你不知道，我这辈子最不爱吃鸡肉吗？"

当天晚上，先生因为后悔离婚，打电话给妻子。妻子知道一定是他，便故意不接。第二天，患有心脏病的先生被发现死在自家客厅，手里紧握着电话。后来，妻子在整理遗物时，发现抽屉里有张保险单，投保日期就是他们的结婚日，受益人是她。虽然金额不多，但她还是很感动，也很意外。

保单里面，夹着一张字条："亲爱的，当你发现这张保单时，也许我已经不在这个世界上了，但我爱你的心不变。这些保险金将代替我，继续给你爱与关怀。"看到这里，妻子哭红了眼睛。

婚姻就像培育一朵花，这里有一个漫长的过程，需要你精心地去呵护、浇灌，还不时地要松土施肥，剪叶裁枝，而不是单纯地把它交给时间，任其自生自灭，这样花才能长开不败。

世界上，不存在天生就合适的婚姻。任何一段婚姻都是需要用心经营的，女人唯有经营好自己的婚姻，才能够与爱人幸福地相伴一生。有人说，世间有两种女人：一种女人无论嫁给谁都会后悔，这倒不是说她们见异思迁，而是她们本身就不懂得经营婚姻的方法，遇到问题就只知道埋怨对方，怀疑对方；另一种女人，无论嫁给国会议员还是普通的工人，都会幸福一生，因为她们懂得用一份真挚的爱去维系婚姻关系，用包容和理解去经营自己的生活。

刚结婚的时候，她觉得自己是老天的宠儿。六年之后，这个曾经暗暗为自己遇到一个好男人而庆幸的女子，却对生活、对婚姻充满了厌倦。

她对母亲说，不如当年一直单身，陪着她身边。母亲听闻后，问她心里在想什么，她一五一十地说出了自己的感受。母亲很淡然，似乎这样的心情她也曾有过。母亲说道："这个世界上，任何一段婚姻都是这样，柴米油盐，彼此就像是亲人，不可能一直像恋爱时那样。男人应该有自己的事业，做妻子的也要理解他。过去，他对你很体贴，现在他不过是换了一种方式来爱你，他在为你、为孩子打拼，给你们稳定的生活。这种爱，不是更深刻吗？我和你爸爸结婚三十二年了，可我们之间依然像过去那样。婚姻，是要用心经营的。"

经营，这个词语她听过无数次，看过无数次，却从不知道该如何经营。她问母亲："这些年，您是怎样经营婚姻的？"母亲笑笑，缓缓地说，她只是坚持做了三件事：

第一件事，留余地。人都有个习惯，在争吵的时候，喜欢说些伤人的话。虽然是有口无心，可这样很伤感情。最好的办法就是，刚一起争执的时候，马上停下，谁也不再说话。这样的话，就不会说出那些可能会后悔的话。遇到问题暂时解决不了，那就先放下，别去管它，享受一顿美食，心情好了，矛盾也容易解决了。

第二件事，装糊涂。都说婚姻里的女人得"睁一只眼闭一只眼"，其实这就是要女人装糊涂。两个人的事，没必要太较真，非要争出来个子丑寅卯，把对方逼到墙角才罢休。婚姻里面，最伤人的表情，不是愤怒、痛斥，而是冷漠、鄙夷和不屑。照镜子的时候你自己也会发现，这样的表情有多难看。想要避免这样的表情出现，就得会装糊涂。糊涂，得心里有，若只是在脸上装，那是会露馅的。不是原则性的问题，就任它去吧，做点你喜欢的事，远比盯着男人的那点瑕疵要舒坦。

第三件事，要信任。女人渴望被爱，忌讳男人在感情上的背叛，这一点不管是灰姑娘还是女王，都是一样的。可既然结婚了，彼此间就要信任，尤其是女人更得信任丈夫。不要做捕风捉影的事，不要因为丈夫与异性交往就莫名地吃醋，你越是这么做，越是等于在往外推他。信任是经营婚姻最需要的一种能力，它是需要培养和修炼的。若女人具备了这样的能力，且男人也感受到了，就算真的有感情上的困扰，为了不辜负女人的信任，他也会约束自己。

听着母亲娓娓道来她的婚姻经，她突然觉得，眼前这位年近六旬的女人，有一种特殊的美。温和从容的脸上，挂着浅浅的微笑，透出一份宽容、一份娴静、一份幸福。

她突然发现，在此之前她根本没有看透婚姻和幸福的真相，可现在她领悟了，幸福都是用心经营出来的。婚姻是个漫长的过程，夫妻的相处也不是单纯地交给时间就能解决一切。面对婚姻问题束手无策，不能只对丈夫指手画脚，还要懂得用爱、用心去维护，去珍惜，去包容。如此，才不会让生活变得乏味和空洞，才能让两个人之间的心理距离越来越近。

其实，婚姻就是如此。既然当初是因爱而步入围城，就不要轻易地怀疑自己的选择。女人该有一种能力，不管他是国会议员，还是建筑工人，都有能力让自己幸福，让家庭幸福。这种能力的名字，叫作"经营"。

种一株开花的木棉在你的心房

　　她嫁了，嫁了有钱人。从此，她不再每天起早贪黑地奔波在路上，不再因为上司阴沉的脸小心翼翼，也不再为了吃穿家用而发愁；老公每天赚来大把的钱供她消费，保姆帮她料理好所有家事，她穿梭在商场、美容院和家之间，用打麻将消遣时光。

　　生活很安逸，可再舒适的日子，过久了也不免会乏味。尤其是，自己三十岁了，丈夫公司新进的职员，都是二十几岁的女孩。曾经，丈夫夸赞她漂亮、能干，可现在他们之间的话题越来越少，就算穿着再昂贵的衣服，丈夫也不过是看上两眼，一句赞美的话也没有。出席活动时，她只能听到丈夫对业内那些成功女士的恭维，听到他向自己介绍，那女人多么了不起……她心里很失落，甚至涌起了自卑。她不知道该怎么表述这些心情，只会在回到家后大发脾气。一哭二闹三上吊，起初还有点效果，可用得多了，丈夫也习惯了，任她无理取闹，自己躲清静去了。

　　她觉得要窒息了。终于有一天，她收拾好行囊，一个人离开家，去了陌生的地方。她以为，见不到自己，丈夫会很着急，会给她打电话，会给她的朋友打电话，四处询问。可惜，这只是她幼稚的幻想。丈夫是打电话过来了，可说的是公司忙，这两天不回去了。在陌生的城市里，她觉得很冷。她住进一家最昂贵的酒店，想着自己第二天四处走走。

　　这样的旅行，实在不开心。平日里出门，都有司机接送，不用操心路该怎么走。现在，一切都要靠自己了，她分不清东南西北，拿着地图发呆，只会看，却看不懂。有人跟她搭讪，她吓得心慌。最后，只得打个出租车，去了当地的名胜，而后又打车去了机场。

亦舒说："女人经济独立，才有本钱谈人格独立。如果在经济上依赖男人，就只能感叹一句：娜拉出走后，不是回来就是堕落。"终于回来了。可是，望着眼前的大房子，她的心又沉下去了。她觉得很讽刺，自己就像是透明蜜罐里的蝴蝶，透过玻璃看外面一片光明，可实际上却无路可走。

或许，这就是现实版的"娜拉出走"，她与《玩偶之家》里的女主人公没什么分别，一个丧失了独立生存能力的女子，她的生活可想而知。

在爱情里，女人需要好自为之。你的主角永远是你自己，他的出现，只是因为你选择了他。不管他是谁，陪你走到哪儿，你都要让自己的戏隆重地演下去。就算他离开了，你缺少的也只是一个锦上添花的男配角，那份来自生命深处的掌声，那份给予自己生存和幸福的能力，始终在你手里。

生活里，还有一些女子，像是一株攀缘的凌霄花，借着爱人的高枝炫耀自己，以为这一生的幸福就是"我是谁的谁"。可惜，谁的谁不代表什么，谁的谁也不那么重要，女人的未来，自己决定。

三年前的聚会上，许慧出尽了风头。她与读书时判若两人，短发变成了波浪大卷，看起来妩媚多姿。席间，她不停地询问周围的朋友：买房了吗？你爱人做什么工作？有没有计划到澳洲玩一圈？乍一听，还以为她只是和阔别多年的老友叙旧，可是很快，她的真正用意就曝光了。

接过某朋友的话，她故作轻描淡写地说："我爱人下个月要调到澳洲了，以后连周末档夫妻都做不成了。"这话听起来总让人不舒服，是在抱怨，还是在显摆？她在感情上的态度很明确：与其在江湖上不分昼夜地辛苦厮杀，到头来还不知道是悲是喜，倒不如安安静静地找一个好依靠。她总说："我是谁不重要，重要的是，我得成为谁的谁，这个'谁'，包含着许多附加条件——爱我，有钱，有地位，能为我提供优越的物质条件，能为我提供更好的发展平台……"

这个"谁",决定着她的未来。选对了,坐享其成,或是少奋斗几十年;选错了,背着压力过活,能不能熬出来还是个未知数。

果然,有人接茬说:"你可以申请一下跟着去喽。我就命苦了,欠着银行几十万的贷款,什么旅行度假,什么珠宝首饰,这辈子跟我无缘了,这就是命!你命好,我们可比不了。"

成为谁的谁,真有那么重要,依赖一个人就能改变下半生?或许,这只是女人潜意识里让这种想法先入为主了,总觉得"干得好不如嫁得好"。

三年后再聚首,许慧已陷入感情危机。养尊处优地过了两年,丈夫给了她一纸离婚协议。她怎么也想不明白,当初那个男人费尽心思地追自己,才过两年就这么绝情,还闹到要和自己离婚的地步。她说,一定是他爱上了澳洲的那个女秘书,那女人没有自己漂亮,他就是鬼迷心窍了。

其实,没有谁鬼迷心窍。许慧的丈夫说起这件事,也是满腹委屈。当初追求许慧,喜欢的是她高贵的气质,多才多艺,还有那份独立的姿态。可婚后的她,把全部重心都转移到他身上了,这份爱让他很有压力。至于那位女秘书,不如许慧漂亮,可是干练,独立,有主见。他欣赏这样的女人,可是与爱无关。

许慧是不理解的。她在歇斯底里之下,做了很多荒唐事,怀疑丈夫,指责丈夫,侮辱丈夫,给他背上"负心汉"的名字,弄得周围人都以为是他对不起她。丈夫说,她"疯"了。如今,他与她彻底分居,等着自动离婚。

生活的故事总能被写进小说,小说的故事总在生活里上演。

亦舒在《我的前半生》里,写了一个叫子君的女人。她毕业后就嫁给自己的丈夫,平静地度过十五年之后,丈夫有了外遇,要离婚。回想十五年的婚姻生活,她除了消遣娱乐带孩子,什么也没做。没有社会经历,没有工作。

十五年后,韶华逝去,爱人背叛,一切该怎么收场?丈夫已下定决心不回头,唯有自己站起来,才能重新开始。重生是痛苦的,要打破原有的习惯,要去融入新的环境。可人是万物之灵,一番挣扎之后，她在残酷的现实里找到了一方自己的天地。

再次与前夫在街头相遇时，她已经焕然一新。没有伤心感怀，没有凄凄切切，勇敢地抬着头，走着自己的路。大步行走的她，没有浓妆华服，没有多余的饰品，只有一件白衬衫，一条牛仔裤，一个大手提袋，头发挽在后面，从头到脚散发着优雅自然的神态。她的背影，让前夫都感到留恋，他觉得自己当初做错了选择。

多年前，鲁迅先生就用一篇《伤逝》告诉世间女子：无论遇到什么样的情况，最重要的是独立。有独立的经济能力，有独立的思想，才能独立生存。女人不能永远做一个依附在橡树上的常春藤，因为生活时刻在变化。女人要做一株木棉，作为树的形象与他站在一起，根相握在地下，叶相触在云里，分担寒潮风雷霹雳，共享雾霭流岚虹霓，仿佛永远分离，却又终身相依。

无论贫穷富有,手牵手一起走过

不知从何时起,人们习惯把富有和幸福之间画上等号。只是,感情的事可遇不可求,纵然有衣食无忧的想法,可遇到了真爱的人,也就放弃了最初的那些条条框框。只是,这份原本美好的心境,往往会在柴米油盐的岁月打磨里,渐渐模糊。曾经爱情至上的姑娘,可能在十年之后,变成了唯利是图的妇人;曾经不计贫寒的清高女,可能在二十年之后,变成了以钱取人的母亲。

尽管,在这个物欲横流的时代,贫穷会降低生活的质量,但是婚姻的质量,并不是用金钱来衡量的。更何况,人生那么长,这一步或许走得坎坷,可谁知下一步不是平坦的大道?毛阿敏有一首歌唱得好:"就让美好慢慢来,岁月一浅一深走过来……"日子本就是两个人的,好与坏在于经营,贫与富只是现状,有心有爱的女人,无论贫穷富有都会好好过,她们相信——我想要的,岁月都会如数给我。

岑岚和华子恋爱的时候,家里人再三阻挠,说他家里穷,跟着他受苦。华子跟岑岚提出了分手,说不想耽误她,让她找个更好的。岑岚何尝没有想过未来的日子,可她心里真的看中了这个人。她说:"我们现在没有的,以后会有的。如果就这样分开了,我会后悔一辈子。"

一起奋斗的日子是艰辛的。岑岚经营着自己的小店,华子在一家装潢公司上班。为了攒钱,他们每天吃最便宜的豆芽菜。生活不富裕,可华子还是舍得花上千元给岑岚买戒指。岑岚坐月子时,为了让她吃得好点，华子竟然偷偷到血站卖过血。

夏天的时候，他们住的平房太热，两人吃过晚饭就到附近的公园散步。看着灯火通明的世界，看着一栋栋高挺的楼房，华子说："希望以后这里有一扇属于我们的窗户。"岑岚笑笑，说："不着急，什么都会有的。"

没过两年，城乡建设推进，他们住的那一片平房拆迁了，分了两套房子。岑岚和华子都没想到，一心想要的房子，突然间就这么来了。他们搬了新家，装修了，温馨静好。附近的拆迁户搬家后都急着装修，华子做了多年的装潢也有了路子，自己开了一家装潢公司。就在那两年，他就"翻了身"。岑岚的服装店，也扩大了规模。

十年之后，他们已经成了这座城市里的中产阶级。一路趟过风雨，俩人的心变得更紧密。或许，谁也没想到，从前生活在那个矮小平房里的他们，被人看不起的他们，竟把日子过得那么令人艳羡。岑岚觉得自己很幸福，这份幸福与物质无关，而是她内心对幸福的笃定和坚持。每每想起和华子一起奋斗的那些年，她都会说："那时候真穷，但真幸福。"

现在，岑岚的车里总是放着一首歌，那是她跟华子最喜欢的旋律："我们都说过无论以后怎样都要好好的，不要忘了当初有些天真许下的承诺。当你不开心时让我为你唱首歌，就算再大的风雨，手拉手一起走过。我们都说过无论贫穷富有都要好好的，不要忘了当初我们的路是怎样走过。当你伤心的时候，请对我诉说，等到老的时候一起看日落。"

当女人为了金钱不停地抱怨、焦急时，心会越来越浮躁，什么事都会变得不顺。其实，日子是一直维持现状，还是朝着自己想的方向发展，一切还在于心。用一颗平常心看待，就算现在处境不佳，可心态平和了，时间一天天过去，看似什么也没改变，可许久后当你再回头看时，每件事都变了。

退一步说，就算是此时什么都有了，可谁又能保证一辈子不会有变化？人生就像天气，总是无常，唯有始终带着一份温和平静的心态，安于自己的选择，平心静气地做好自己该做的事，才有可能

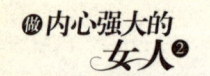

得到自己想要的。

　　曾经，她是个让人羡慕不已的女人：丈夫是当地有名的企业家，她在公司做财务，日子过得也算是风生水起。可惜，世事难料。谁也没想到，合作多年的生意伙伴竟然为了一己私利坑了他们，一夜之间，富丽堂皇变成了空壳。遭遇这样的变故，她痛苦，也想不通，人心为何会如此邪恶？更让她心寒的是，从前来往频繁的人，看到他们现在的窘状，都躲得远远的，生怕跟她家沾上一点关系。一时间，她和丈夫都困顿了。

　　为了缓解压抑，她和丈夫择日去了郊外，想散散心。午饭的时候，他们到一家馄饨店摊脚。老板娘热情爽朗，年纪和她差不多，发间还插着一朵栀子花——在这样的郊外，如此打扮的摊主实在少见。她想：这个女人一定是个有故事的人。

　　她和丈夫吃着馄饨，谁也没说话。吃着吃着，她突然掉了眼泪，觉得日子很心酸。她一个人走到旁边假装远眺，老板娘却看出了端倪。那天客人不多，老板娘递给她一方手帕，没多问什么，只是淡淡地讲起了自己的故事："十年前，我和丈夫也和你们一样，是令人羡慕的一对。他年纪轻轻就发了家，财富、地位、荣耀什么都有了，别人都说我命好，这辈子不愁了。我也这样想过。可时间久了，我发现钱不是万能的，多了还是祸。他总是加班、应酬，每天都见不到人影。有天凌晨，交通队打电话告诉我，他出了车祸。"

　　听到这里，她看着老板娘。对方依然用平静的语气讲道："当时，我又生气又伤心，觉得天都要塌了。他给我留下了不少的钱，可我一直在想，如果我们不是别人眼中的富人，只是一对平常夫妻，哪儿有那么多应酬，哪儿可能明明两个生活在一起的人却很少见面？我们没有孩子，我用那些钱资助了一些贫困的孩子，之后又开了这个馄饨店。以前，他就喜欢吃我包的馄饨，可是有钱之后，似乎再没时间吃这种普通的食物了。"

　　听完老板娘的故事，她陷入了沉思。坐在一旁的丈夫，无意间也听到了，感慨颇多。她想到，优越的家境没了，可她的丈夫还在身边，她还能每天看到他，两人相依为命；丈夫想到，钱财是身外之物，生活还在继续，人健康地活着比什么都重要。以前，总是忙于应酬，也很少顾家，现在能这么悠闲地跟太太吃顿饭，也很难得。

两年之后，他们相互搀扶着走过了那段难熬的岁月。只是，后来的他们，对金钱和名利看得很淡，每年他们也会慷慨地资助一些贫困生。许多人又开始向他们投来羡慕的眼光，羡慕他们的坚强，羡慕他们携手并进的幸福。对此，她说："过去的一切，让我突然明白了，不管经历了怎样的打击和变故，都不能焦急忙慌。无论贫穷富有，都要有一颗平常心，好好地生活。"

不管你现在的际遇如何，不管丈夫的际遇如何，请安然面对。改变不了环境，就改变自己；改变不了事实，就改变态度；控制不了别人，就把握自己。给自己和爱人定个合理的目标，然后抱着平常心安稳地走下去，不慌不忙，不焦不躁，总有一天，你会抵达幸福的终点站。

如果还有爱，就不要彼此伤害

出嫁前一夜，母亲语重心长地对她说："世上没有圆满的婚姻，你要记着他的好，包容他的坏。"

沉浸在幸福与兴奋中的她，嘴上说着知道，可其实心里并未真的明白。或许，许多事都如此，他人的教诲只当是一句话，唯有亲身饮下那杯水，才知冷暖，才知咸淡。

日子一天天过去，那份兴奋与激动早已淡化。三年后的某个夜晚，她终于"爆发"了。

劳累了一天的她，回到家里想喝一口热水，却发现饮水机里的水桶，早已干涸；坐在沙发上，本想躺下来歇会儿，却看见了他的袜子团成一团在那儿扔着。她说了太多次，脏衣服放进卫生间的脏衣篓，可他像是听不见。凌乱的卧室，凌乱的客厅，凌乱的厨房，凌乱的心……

做晚饭时，她不小心把手切了，鲜血直流。她眼泪止不住地往外冒，一肚子委屈。她索性关了火，把切了一半的菜丢在案板上。她冲洗了一下伤口，到药箱里找药。路过梳妆镜时，瞥见一张憔悴而充满怨气的脸。她觉得，婚姻就是爱情的坟墓。

房间里没开灯，她一个人坐在黑暗中。九点钟，他加班回来，吓了一跳。他打开灯，跟她开了句玩笑，之后又问："晚上吃什么？"说着，往厨房走去。

她面无表情地说："我为什么要做饭？这样的日子我受够了。我想离婚。"

他在厨房里炒菜，喊着："你说什么？我听不见。"

她又重复了一遍。这一次，他听见了。

他走出来，问道："好好的，怎么说这个？"

她冷笑着说："好好的？你觉得好，有人给你洗衣服做饭，有人跟你一起还房贷。可我觉得不好，我累了，不想这么过了。"

第二天，她把离婚协议丢到桌上，让他考虑。之后，她就回了母亲家。

一周之后，他打电话给她，说同意离婚。只是，想跟她一起吃个饭。他的声音有点低沉，能听出些许的伤感和无奈。她以为自己得到这个结果会如释重负，可没想到心里却涌起一阵难过："他就这样不吵不闹地同意了？"

他们相约在一家湘菜馆。几天不见，他瘦了，胡茬让下巴看起来略微发青。他拿出那份离婚协议，给了她。她的眼泪在眼眶里打转，从今以后，真的要各安天涯了吗？

"好了，点菜吧！上一天班，这会儿肯定也饿了。"他的语气柔和了许多，眼神仿似恋爱时那般温柔。她对服务员说："一份水煮鱼，一份香辣虾。"这两样菜，是她平时最爱吃的。

他笑着说："能不能给我个机会，点个我喜欢吃的。"

"你不爱吃这个吗？"她觉得很奇怪。

"你忘了，我是上海人。我喜欢吃甜的。在一起这么多年，我一直吃的都是自己不太喜欢的东西。可是，你喜欢，我也就跟着吃了。"他笑着说。

她的心像刀绞一样疼，一种愧疚和自责涌了上来。这些年，她从没有主动问过他喜欢什么，她以为只有自己在付出，可谁曾想到，他竟然每天都在迁就自己。

他说："离婚之后，这里的东西都归你，我只带走几件衣服。"

她脸上挂着眼泪，问："你要去哪儿？"真的要告别了，她再也控制不住自己。她只想着，离婚后自己要怎么过，却从未想过他要怎么过。

"我想回上海。我的父母年岁大了，身边也没人照顾。每次与你全家一起吃饭的时候，我都很想念我的父母。只是，你喜欢这个城市，你的家在这里，我才留下来。你以后自己过，肯定辛苦，所以我把这里的一切都留给你，房贷还有一部分，我会继续还。"他不像是要离婚，更像是要远行。

她心里很自责，也很不舍。这个与她从相恋到结婚一起走过六年的男人，一直忍受着各种不愉快，隐忍着各种不愉快，包容着各种不完美，在离婚时还在替她着想。她为自己的言行感到愧疚，她说："你为什么不早点告诉我？"

"唉，我不想让你操心，也不想让你改变什么。"

"你……可以不走吗？"她哭着说。

最后，他们牵手从餐厅走出。此时，她忽然想起母亲当年说的那番话：记着他的好，包容他的坏。回家的路上，她想到那个有点脏、有点乱的家，没有了厌烦，有的只是温暖和思念。

婚姻是一种缘分，也是需要用心呵护的孩子。你身边的爱人，总有那样的不完美，总会有细枝末节会不符合想象，但如果彼此之间有爱，那就不要轻易说出离婚的字眼，更不要觉得离开了这一站，下一站会更好。

一位女性朋友，婚后总埋怨丈夫懒，脾气坏。每天吵吵闹闹，彼此都烦了，也就分开了。后来，她又结婚了。可情况似乎还是不怎么好。最初看着顾家又勤快的男人，婚后不久就露出了懒惰的一面，家务活一点儿都不做，还喜欢喝酒。她觉得自己命苦，总是遇人不淑。

偶然的一次机会，她在某朋友的公司开张庆典上见到了阔别已久的前夫。他也结婚了，偕同妻子一起参加。看他现在的妻子说话的口气，她似乎对他很满意，说他很会疼人，顾家，有事业心，提及缺点，她笑着说："就是有点懒！不过，谁还没个缺点……"

是啊，谁还没个缺点呢？她心里似乎有点后悔，同样的一件事，同样的一个人，别人看到的都是闪光点，自己却一直盯着那些瑕疵。难怪，别人笑脸盈盈，自己却一脸惆怅。

《非诚勿扰》里有一句台词："婚姻怎么选都是错，长久的婚姻，是将错就错。"之所以说怎么选都是错，其实就是说什么样的选择都不完美。然而，长久的婚姻，就得要接纳不完美，相互适应，相互包容。当婚姻走过了激情期，唯有安静的忍耐和包容，才能让幸福恒久绵长；唯有记着对方的好，宽容着对方的"坏"，才能在夕阳下执子之手，与子偕老。

留一点儿空白,像不爱那样去爱

女人很爱男人,为他放弃了出国的机会,为他拒绝了高富帅的追求。每天上班,她都要他挂着QQ,自己在公司里的大事小事总要第一时间告诉他。下班时,她会提前开车到他单位门口,两人一起吃晚饭,然后恋恋不舍地分别。谁都看得出,女人对男人的爱很深,可男人心里却有说不出的苦。

男人总是对朋友说,不在一起的时候会想她,可在一起的时候却又很烦她。周末我想去打球,她却缠着我陪她逛街;下班我想跟哥们聚聚,她却非要跟着,不让抽烟,不让喝酒,特别扫兴。好几次,男人想提出分开一段时间,可话到嘴边又咽下,他知道女人对自己是真心的,他也怕错过了这个美好的眼前人。可是,她的爱,实在太沉重了。

两个人虽然还在一起,可明显跟过去不太一样。他变得沉默寡言,冷冷淡淡。她问什么,他只是轻声应和,没表情,没心情。可一听女人说要出差几天,他却变得很殷勤。女人怀疑,他爱上了别人。她没有吵闹,而是转身去找了他们最好的朋友。她知道,如果有什么事,他一定知道。

朋友笑着对她说,是她太多疑。他之所以高兴,是觉得"自由"了。男人需要放养,爱情需要留白,他有自己的交际圈,有自己的"地盘",你把索要爱情的触角伸向了不该伸的地盘时,他只会觉得你不可理喻。

她似懂非懂。朋友问她,听过两只刺猬的故事吗?她说没有。

一对刺猬在冬季恋爱了,为了取暖,紧紧地拥抱在一起。可是,每一次拥抱的时候,它们都把对方扎得很疼,鲜血直流。可即便如此,它们还是不愿意分开。最后,它们几乎流尽了身上所有的血,奄奄一息。临死前,它们发誓:"若有下辈子,一定要做人,永远在一起。"

上天被它们的爱感动了,决定成全它们。来生,它们转世做了人,并永远地在一起。它们每天朝夕相处,形影不离,每时每刻都黏在一起,可它们一点儿都不幸福。因为,它们是连体人。

她半天没有说话,陷入沉思。想想他以前过的生活,自由支配自己的时间,做自己喜欢做的事,不用事无巨细都要向她汇报,偶尔喝点小酒,抽点小烟……现在,似乎那些爱好都被剥夺了,而自己却从未问过他想要什么,希望他怎么做。或许,她真的需要换一种方式去爱了。

曾有人说过:"整天做厮守状的夫妻容易产生敌视与轻视情绪,毒化婚姻的品质。"再美的东西看久了也会腻,相爱的两个人也需要适时地保持一点距离。这份距离,不一定是地理上的距离,分隔两地,而是彼此之间在心灵上要有一点空隙。

真正的爱是有弹性的,彼此不是僵硬地占有,也不是软弱地依附。相爱的人给予对方的最好礼物是自由,两个自由人之间的爱,拥有必要的张力。这种爱牢固而不板结,缠绵却不黏滞。一个理性的女人,一个懂得维系幸福的女人,永远都能收放自如地去爱。

恋爱四年,结婚七年,她与爱人既像亲人,又像朋友,彼此交心,不厌不烦。提及有什么秘诀,她笑着说——要像不爱那样去爱。

不爱,就不会在意他是不是记得你的电话,不会一个电话接一个电话地催他,更不会时刻要对方告诉自己他在哪儿、做什么,和谁在一起。如此,就给彼此留出了空间。

不爱,就不会奢望他记得自己的生日,送自己礼物。他若记得,自己心生感激,他若忘了,也没有太多的失落和埋怨。如此,情变得比物重,不懂礼物也未必代表没有关爱。

不爱,就不会要求他出差时给自己发来甜言蜜语的短信,回来给自己带一份心仪的礼物，生病时巴望他在床头陪着。只要他平安归来，就觉得比什么都好。如此，他就能专心工作，也能够体会出自己对他的支持和那份贤惠。

不爱，就不会整天唠叨，不会指责他酒喝多了，该换衣服了，要洗澡了，惹得他心烦。如此，他落个清净，我落个清闲；他不会觉得我婆婆妈妈，我能保持温婉宁静的形象。

不爱，就不会把他的事业当成自己的事业，指指点点，抱怨连天，他不采纳也心情安然。如此，自己少操一份心，少让自己添一条皱纹，其实他要的，也不过就是默默的支持。

不爱，就不会变得神经过敏，在他接到异性电话时刨根问底，用他的往事当成冷嘲热讽的材料，弄得他心烦意乱。他接他的电话，我充耳不闻，视而不见。他若参加有初恋情人出席的聚会，我也会为他精选西装，扎领带，不让他丢我的脸。如此，我的付出，他全部记在心里；我的大度，他多一分佩服。有如此开明豁达的女人，他自然也不愿辜负。

不爱，就不会要求他每天回家吃饭，也不会限制他晚上外出，在哥们面前弄得没面子，被笑为"妻管严"。任他出去交际，眼里只有家的男人，往往会没出息。越是放得开，他越是愿意回来；越是拴得紧，他反倒想要逃。如此，他的"自由"在兄弟面前会成为炫耀的资本，我的支持会成为他内心最大的感激。

不爱，就不会委屈自己变成他喜欢的样子，也不会为难他变成自己喜欢的样子。如此，两个人保持原来的本色，舒服地活着，谁都不会感到辛苦。

不爱，就不会把婚姻爱情视为一种交换。金钱、权势、地位，在爱情面前都无足轻重，也不会因为别人有而自己没有，就抱怨他、为难他。如此，爱情永远清澈如水，没有杂质。

在婚姻中，能够坚持用不爱的方式去爱，那该是多么聪明、多么懂爱的一个女人啊！不爱，胸襟就宽了；不爱，愤怒就少了；不爱，烦恼就没那么多了；不爱，就不强求了。不爱中有自爱，有相敬如宾，淡淡地相处，给自己宁静，给爱人空间。

但愿，每个陷入爱中的女人，都不会让爱情成为彼此的紧箍咒，都可以不被爱所累。更希望，每个女人都能够为了悠久绵长的幸福，学会像不爱那样去爱。

平淡岁月里默然相爱，寂静欢喜

如果玩具是孩子心中的天堂，那么婚姻就是女人心中的童话。她们渴望轰轰烈烈、惊天动地、浪漫不俗的婚姻，可实际上却是柴米油盐，平淡如水，清汤寡味。

爱情，总是来得措手不及。Mimo没想到，一次偶然的旅途，竟遇见了让自己魂牵梦萦的男人。

Mimo沉醉在爱里，不愿再醒来。她痴迷于他温柔的双眸，喜欢被他牵着，走在灯火阑珊的街头。她有过怀疑，幸福来得是不是太突然？可就算突然，就算只是昙花一现，她也心甘情愿被淹没。

很快，他们结婚了。很快，Mimo的幸福感消散了。原来，生活是那么烦琐，怪不得偶像剧和爱情剧里，总是演到女主角穿上婚纱就告一段落，原来再继续下去，就会破坏所有的印象。就像此时的他们，为了一点芝麻大的小事也会争吵；彼此间缺乏了解，经常各执一词谁也不肯退让，闹得全家不得安宁。冷战的日子，只有眼泪和孤独，还有一丝悔恨。

Mimo向闺密倾诉。起初，闺密会劝和，再后来，就只淡淡地说："若真的无法继续了，那就放手吧！"放得下吗？Mimo问自己。她内心还是有太多的不舍。

昏暗的酒吧里，Mimo瘦弱的身躯，惹得闺密一阵爱怜。她想安慰，却不知道如何开口。此时，酒吧里播放着《罗密欧与朱丽叶》的曲子，和谐而至真的深情，延绵如流水。闺密说起了一个故事："意大利的维洛纳有一个小镇，那里有一栋平常的两层小楼，上面有一个普通的阳台，阳台上有一扇毫不起眼的门，旁边有一个常见的中庭，可那里经常挤满了人。人们总要在阳台上摄影留念，年轻的恋人还在门上写下山盟海誓。因为，那是莎士比亚笔下经典爱情故事的女主角朱丽叶的家。

"每个相爱的人都希望拥有美好的归宿，希望像罗密欧与朱丽叶一样，爱得炽热、纯粹和彻底。可是，如果罗密欧与朱丽叶没有殉情，他们最后做了一对平凡的夫妻，那么也逃不过柴米油盐、琐琐碎碎、生儿育女，一切也就变得寻常了。爱不只有轰轰烈烈，还有责任和付出，还有在失去浪漫之后，一如既往地珍惜。"

Mimo凝望着杯中的酒，心中的苦瞬间融化了。她轻拭眼泪，莞尔一笑，对闺密说："谢谢你。"

再次相逢，也是两个月之后。Mimo挽着丈夫的手，两个人的脸上洋溢着幸福。相较之前，Mimo眉宇间多了一份释然和从容。她知道，那是尘埃落定之后的彻悟。

男作家说："真正的爱情，不是电视剧演得那般抵死缠绵，不是言情小说里写得那般一掷千金，它只是很平淡地存在于我们的生活中，熬得住平淡的人才守得住爱情。"

女作家说："爱情如果不落实到穿衣、吃饭、数钱、睡觉这些实实在在的生活里，是不容易天长地久的。"

可见，深谙婚姻与生活的男女都懂得，婚姻生活就只是柴米油盐，平淡地度过每一天，重复着同样的事情，甚至心情都不会有多大的变化。只是，在平淡的生活背后，一丝细心的关怀，一次体贴的搀扶，却是任何甜言蜜语和山盟海誓都无法替代的真情。爱，不只是用口说的。

一栋平常的家属楼里，住着一对老夫妻，男的是退休干部，女的是退休医生。他们的两个孩子，都已长大独立，各自成家。

入秋的傍晚，女儿回家探望父母，见到母亲又在翻晒萝卜干。其实，像他们这样的家庭，根本用不着吃腌菜。女儿说："妈，别弄了，天凉。"母亲不显老，风韵犹存，笑着说："你爸就喜欢我做的萝卜咸菜。以前上班那么忙，我都给他腌菜，现在退休了，就更有时间做这些事了。"

看着翻菜的母亲，女儿突然心生感动。对于父母这样一起走过几十年风雨的夫妻来说，早已没有什么甜言蜜语，可那份爱却落在生活的每个细微之处，或许就在一块"萝卜干"上。

还有一对年轻的夫妻。平淡的日子，总让妻子觉得少了点什么。她告诉丈夫，这不是自己当初想象中的幸福。当时，丈夫什么也没说，也没做出任何表示。

妻子对丈夫的表现很不满，吼道："一个连危机感都没有的男人，还让人指望你什么？"

丈夫问："你告诉我，怎么做才能让你满意？"

妻子像个天真的女孩那样问："如果我要峭壁上的一朵花，你会冒死去给我摘吗？"

丈夫摇摇头，说："我明天再答复你。"

第二天早上，妻子醒来时，丈夫已经走了，只留下一张字条。

亲爱的：

原谅我吧，我不会为你去摘峭壁上的花。让我给你解释一下为什么。

你出门时总是不带钥匙，我要跑回家给你开门；你上网时总把程序搞乱，坐在电脑前发脾气，我得给你恢复那些搞乱的程序，还要安抚你的坏情绪；你喜欢旅行，可你是个路痴，我不得不陪着你；你累的时候总是痉挛，我得给你按摩，减少你的痛苦；你在家里总是害怕，我得陪在你身边，给你壮胆；你偶尔会觉得无聊，我要给你讲笑话，逗你开心。

我想，世上不会有人比我更爱你。我不会去冒死摘花，因为我不想留下你一个人。

信的下方，还有一行字：如果你觉得我说的对，那就把门打开。我像过去的每天一样，给你买了豆浆和老婆饼。

看到这里，妻子连忙跑去开门，全然忘了那悬崖之花。

许多时候，不是不爱了，不是厌烦了，只是还没有习惯生活的平淡。女人年轻的时候，总以为爱就得如火花般璀璨，殊不知，即便是曾经再轰轰烈烈、浪漫非凡的爱情，当最初的激情退却后，剩下的也只有周而复始的平淡。

真正的爱，是寂寞岁月中的相依相伴，是跌倒时的相互搀扶，是回首时不愠不火的慢慢诉说。当你看到一对互挽的老人在夕阳下漫步，一定都能闻到"执子之手，与子偕老"的幸福味道。

世事纷繁，相比大千世界、芸芸众生，我们不过是沧海一粟，如小草之于烂漫的春天，如小溪之于辽阔的海洋，如白云之于无垠的蓝天……这世上惊世骇俗者寥若晨星，多数人都难逃平凡的宿命。既然如此，为何不让自己享受这种平淡的日子，在平淡的婚姻中弹拨出亘古不变的幸福曲调，演绎出生命的从容和本真呢？

爱是你我，风雨中不变的承诺

女人在人生的巅峰，事业有成、爱情美满的时候，当然可以眉开眼笑，但生命的厚重与心灵的强大，往往是在遇到苦难时才能彰显。不能以平静的心情接受磨难，以微笑迎接每一种创伤，生命就无法跨越磨难而成就精彩。普里什文曾说："在那些受过折磨和苦难的地方，最能长出思想来。"

爱就一个字，却承载着太多的意义。结婚时宣读的誓言，不是几句泛泛的空话，那是一种承诺和责任。在爱情的旅途中，顺境和逆境、富有和贫穷、健康和疾病，总是不时交替。顺境时的爱很简单，无非就是相依相伴一起幸福；可逆境时的爱很艰难，它要你顶着暴风骤雨，搀扶着伴侣不离不弃。简简单单的一个爱，饱含着与对方共同承担责任和风雨同舟的信念与决心。

男人所在的那家服装厂，因为经营不善严重亏损，面临着倒闭的危机。在厂里待了十年的他，也没能摆脱下岗的厄运。他不敢把这件事告诉她，出于自尊，也出于照顾她的情绪。

他只字未提下岗的事，可纸包不住火，她终究还是知道了。他本以为，家里会降临一场暴风雨，因为工友的妻子得知这个消息后，在家里唠叨了好几天，嚷嚷着日子难过，没有收入怎么办？可他没想到，她却笑呵呵地做了一桌饭菜，脸上没有一点愁苦的神情。

他先开口了，说道："对不起。我没有早点告诉你。"

她笑笑，说："没事儿。过去，你一直在厂里上班，每月到日子去领那固定的工资，什么也不想，一心做好本分工作，你不觉得就像是一台工序简单的机器吗？你现在难过，也是过惯了'安于现状'的日子，舍不得把这个'饭碗'丢了，现在情况变了，你不适应。"

他叹了口气，说："你说得没错。我只是觉得，离开了工厂，不知道该做点什么。"

她当然明白。刚听说这个消息时，她的脑袋也"嗡"地一下，顿时空白了。孩子要上学，老人要看病，丈夫又失业……生活的压力摆在眼前，她不得不思量。不过，这些担忧很快就过去了。

她一边盛饭，一边对丈夫说："其实，也没什么大不了的。我们有手有脚，你也懂技术，我们可以尝试自己做点事。"

"这……行吗？"失业后的丈夫，因为情绪低落，自信心也不如从前了。

她说："没问题！我们一起干，怕什么！"

之后的几年里，他们两人先后开过手工织手套作坊、制衣厂、棉纺厂，到现在，他们已经创建了一家品牌服饰公司。提及现在的成就，丈夫总说："都是我爱人的功劳。要不是她的鼓励，我可能就会随便打点零工，哪儿想得到自己干出一番事业啊！当然，我也很佩服她，一个女人能扛起家庭的重担，还帮着我干事业，挺了不起的。"

每每听到丈夫这样说，她就在旁边笑。她说："生活就是这样，不可能一直顺顺当当，遇到麻烦和痛苦的时候，想办法解决就是了。况且，很多看似痛苦的事，在经历之后，会让我变得更坚强，看事物更通透。也许，未来的人生路上还会有麻烦等着我们，但我不怕。"

面对同样的境遇——丈夫失业，有的女人只会抱怨命运、责备丈夫，恐惧生活的艰难，在痛苦和磨难面前，想到的只是担忧和逃避；而有的女人却能够勇敢地撑起半边天，搀扶着丈夫走出低谷，找出一条羊肠小路，慢慢地拓宽生活的路。都是女人，都有柔弱的肩膀，差别只在于人心。

其实，生活的痛苦本没那么可怕，知道生命的难处时，生命反而更加容易。因为知道了生命的各种艰难之后，在面对它的时候就能不屈不挠，再也没什么困难能够压倒你。女人要时刻保持着微笑，对自己、对爱人、对生活，让这份笑容里饱含着乐观，会在变化无常的人生路上，给你勇气和信心。

　　回顾自己的感情之路，她的眼神里写满了沧桑。十九岁开始恋爱，历经三次失败的感情，终于在二十五岁那年遇到了对的人。

　　可惜，天意弄人，结婚后不久，他查出肾炎。家里人都说，算了吧，以后的路那么长，和一个病人怎么过下去？为了这件事，她在深夜哭过，他也主动离开过，可最后她毅然决然地要跟他一起走下去。她说："遇见爱的人，哪怕只能在一起一天，我也愿意。"

　　再后来，他的病情恶化，转为尿毒症。家里人发愁她该怎么过下去，可她却用乐观的姿态告诉所有人，她能够承担这一切。每次去医院透析，她都陪着他。他们依然和所有的正常夫妻一样，换车，郊游，养宠物，玩电子产品，生活就那样按部就班地过着。

　　有人问她，后悔过吗？如果嫁一个健康的人，也许会更幸福。

　　她笑笑，说道："嫁个正常人又如何？谁敢保证一辈子不会有意外。将来会发生什么，谁都无法预测。可不管遇到什么，只要在一起一天，就要幸福面对。爱不只是索取，还有付出。两个人之所以结婚，就是因为有些路太难走，需要找个搀扶的伴。"

　　爱情不一定要轰轰烈烈，却一定要能在风雨中相守。很多时候，通往的幸福路很慢也很长，若没有共同穿越冰寒地冻的日子，少了生死相依、相互搀扶的积淀，即便是拥有了，也未必长久。真正的爱，需要两人共同经营，共同成长，在漫长的岁月中互相搀扶，相濡以沫。

别让美好的爱变成沉重的负担

慌乱的城市里,到处流行着破碎的恋情。一对即将结婚的恋人,无奈地走到了分手的边缘。

男人和女人是通过相亲认识的,方式有点老套,可没想到彼此一见倾心。热恋时,女人总对男人说,谁和谁去马尔代夫了,谁的丈夫年薪数十万,谁的男友父母是高官。虽然,她从未说过一句嫌弃男人的话,可她说话时流露出的那份艳羡的神情,还有说完后的一声叹息,就像一根尖利的刺,深深戳进了男人的心。

谈及结婚的事,女人没有异议,男人却说再考虑考虑。这一考虑,结局就成了分手。其实,男人的条件也不算差,虽够不上富足,可也算得上不错。只是,他觉得自己承受不了女人给的压力。

后来,男人对家人提及分手的原因时,说道:"我要是跟她在一起,这辈子估计都不会开心,她也不会开心。她没有直接向我要过什么,可她总在不停地说别人多好,别人多幸福,这很伤我的自尊,让我觉得,她跟我一起,是委屈了她,给不了她幸福。我可以承受生活、工作的压力,可爱人带给我的心理上的失败感和愧疚感,我真的受不了。我理想的对象,不需要多漂亮,不需要多有钱,可至少她能跟我一起快乐地面对'我们的生活',而我也会为了她,为了我们的未来,努力打拼,尽量给她想要的所有。"

有一首名为《女人不要让男人太累》的歌是这样唱的:"我找不到天堂,也摘不到月亮,对不起让你失望,你的渴望对我是很难;太多人比我强,也承认我平凡,我已经拼命追赶,你的眼神请别那么冷淡。就算再付出,我都撑得住,我不怕辛苦,苦到什么地步,只要你满足,但你何时满足？爱得好累，真的好苦，女人不应该让男人太累，虽然你是我的一切，也别让我感觉爱你很可悲；爱得好累，真的好苦，从来你不见一句赞美，就算我做的都白费，至少自尊让我保留一点。"

故事里男人的肺腑之言，还有这一段入情入境的歌词，想必已经道出了所有男人的心声，尤其在失意落寞、得不到理解的时候，更是能从中找到共鸣。与此同时，女人也该好好反思一下：身在爱情里的你，究竟在扮演怎样的角色？你真正站在爱人的角度替他想过吗？你给他的是温暖的关怀，精神上的交流，还是冰冷的嘲讽与指责怒骂？

每个人的能力都有强弱，性格、天赋、机遇都不一样，不要拿最高的标准或是别人的标准来要求身边的男人，更不要以自己的意愿去强迫他做能力以外的事。在这个竞争激烈的环境里，想要一夜之间出人头地是不可能的。男人只能默默承受着巨大的压力，慢慢地在生活中寻找机会。

这个过程可能是漫长的，也是艰辛的，这期间会遇到各种各样的难题和委屈。脆弱的时候，他们希望爱人能给自己一点信心；失意的时候，希望爱人能给自己一个安静的空间。身为妻子，你得多给他点理解，多给他点尊重。

男人原本就已经很累，再承载如此多的要求和压力，前进的脚步会更沉重，情绪会更焦躁。换个角度想想，若是他要求你在一夜之间变得玲珑有致，身材曼妙，才华出众，你会不会觉得他在无理取闹，或是故意刁难？人心，都是一样的。

年前，她携丈夫参加了大学同学聚会。席间，诸位女同窗说起自己的爱人，夫贵妻荣，春风得意。唯有她的丈夫，只是普通的老师，默默地在岗位上奋斗着。

聚会回来后，丈夫心里有点不舒服。虽然她从未说过要他如何如何的话，可他心里明白她对自己是有期望的。他也希望她能在同学朋友面前风光无限。自那以后，他开始主动参与学校的行政事务管理，希望有更广的平台。

在行政管理方面，他做得确实不错。可随着应酬的增多，他没以前那么开朗了，经常暗自叹气。她对丈夫说："实在累的话，就别做了，当个老师更适合你。"

他如释重负："你会不会觉得我不上进？别人的老公都出人头地了，你跟着我十多年了，连套大房子都没有呢！我怕你心理不平衡，想努力改善一下现在的生活。"

她笑着说："我巴不得你飞黄腾达啊！不过，我不愿意让你勉强自己，过得不开心。有钱的人如何，住大房子又如何，咱们一家人现在开开心心的，我觉得挺好。"

就这样，丈夫又做回了老师。他工作勤奋、用心，每年都获得优秀教师称号。后来，一所重点学校的校长，看重了他的能力，聘请他去做任课老师。到任三年后，他靠着踏实的态度，赢得了领导和同事的好评，成为市级先进教师，担任了年级组长一职。

生活本来就令人疲惫，当男人为了家庭打拼的时候，不要再让他太累了。把心放宽一些，大度一些，让男人的步伐走得轻盈一些，你得到的会比预期中的更多。正如这个睿智的女人，用她的善解人意，她的支持，她对名利的淡泊之态，吹散了爱人心中的阴云。

爱本是一件美好的事，遇到一个相知相爱的人，也是莫大的幸运。只是，幸运之余，还要懂得经营，别让爱情变成沉重的负担。和你牵手相伴的男人，或许不是世上最好的，可他却是愿意为你承担责任和义务的人；或许不是你心中的白马王子，不会驾着七彩祥云来娶你，可他却愿意跟你脚踏实地地生活；或许不能给你名车洋房，可他却无时无刻不给你关爱和温暖；或许无法分秒陪在你身边，可你最脆弱的时候他却能为你撑起一片天。

和这样一个人相爱，纵然他不帅、不富有、不浪漫，可那又怎么样呢？幸福，本就无须太多装饰。只要两颗心紧密相拥，安然地守住这份幸福，从相遇到故去，此生足矣。

Chapter 7

人生不为谁止步，保留自己的生活圈子

许多女人把婚姻和家庭当成了生命的所有，甘愿放弃一切做他背后的女人。可惜，当女人的生活为婚姻而止步时，真正的生活也悄然离你而去了。生活该是绚烂的万花筒，女人这一生，要有爱情、有友情、有事业、有爱好，多姿多彩，才能称得上精彩。

闺密：她是世上的另一个你

你的生命里有没有这样一个女子？

最黑暗的时候，她陪你一起等天亮；你哭得一塌糊涂时，她给你一张一张地递着纸巾；你可以跟她毫无顾忌地说话，想甜蜜就甜蜜，想闹脾气就闹脾气；你受委屈时，她会为你挺身而出；你人生中的大事小事，她都是在场的见证人。

你们不是亲人，她却记得你的生日、你的结婚纪念日、你孩子的生日；你们不是孪生姐妹，她却喜欢和你穿一样的衣服，看同一本书，说同样的话；你们不是每天见面，她却永远在你的QQ里闪烁不停；你们没有事先商量，她却总能送你想要的东西，彼此间有一份无言的默契；她不是你，却好似世界上的另一个你。

她可能是你的故知，也可能是你的新交，但她们都有一个共同的称谓，叫闺密。

一生中，女人会与很多人相遇，只是多数人于己而言，不过是生命中"不得不"相识的人。就像同学、同事，彼此都行走在同一条路上，可能没有时间和机会进行太多的沟通和交流，甚至没有特别的感受，到了岔路口，各奔西东，再无交集。多年后，留给你的不过是一张模糊的脸孔，和一个再也想不起来的名字。

然而，还有一些人，带给你的却是别样的感受，深刻的记忆。

也许，她和你从前一起走过许多的路，在成长的岁月里一起长大，你们的童年有着某些相同的记忆。哪怕后来，都有了各自的事业和家庭，许久不能见上一面，可想起彼此都觉得亲切，会经常打打电话，发发短信，偶聚在一起也无须刻意寻找话题。这种闺密，叫作发小。

也许，她和你过去并不相识，只是偶然的机会相遇，可是一遇见，便走进了彼此的心里。你们之间像是有一种莫名的磁场，相互吸引；你们之间可以分享秘密，从不担心说出的话会惹来非议。对方伤心的、难过的、委屈的、欢喜的、骄傲的、激动的，都会成为彼此的心事，对你就像对自己，爱你如同爱自己。有时，一个眼神，一个动作，一个提醒，就能明白对方的心；别人看不懂的文字，读不懂的心情，你们却可以心照不宣，给予对方最想要的东西。这种闺密，叫作知己。

酸角女孩在心情日记里这样写道——

曾经，我的身边也有那么几个姑娘，我们一起上课，一起逛街，一起逃课，一起洗澡。跌跌撞撞、有喜有泪的日子，我们一起走过；密密麻麻的回忆里，全是她们的笑。后来，我们嫁人了，各奔东西，有了自己的家，自己的孩子，有了不同的烦恼。我们联系很少，却总是相互牵挂。也许相隔千里，也许各自忙碌，可内心深处依然给她们留着位置。想起我们一起度过的时光，总会嘴角上扬，内心温暖无比。

那天，《我们终将逝去的青春》上映了。我们相约，"一起"去看首映。是的，我们不在同一个城市，同一个角落，可我们却实实在在地感受了一把"海上生明月，天涯共此时"的意境。而后，某女在我们共同的群里写下了这样一段话：那些永远不再回来的岁月，叫做青春；那些永难忘怀的女人，叫做闺密。感谢生命中有你，我的闺密。

许茹芸说："遇到了需要一种机缘，而成为朋友更是一种缘分，能够再进一步成为能一起分享生活细节的密友，更是需要深刻的缘分。我觉得闺密就像是《哈利·波特》的魔法师，随时会出现在你的身边。"

身边若有一个懂自己的闺密，是女人生命里的一件幸事。相同的爱好，相似的心灵，相似的人生观，让彼此成为闺密。某个瞬间，还能够从闺密身上看到自己的特质。纵然有许多地方不同，可那也无妨，求同存异的包容，相互在一起依偎的惬意，足以让人忘却那些差距。谁说闺密一定要处处相同，只要在一起感到踏实、舒服，就算不说话也不会觉得尴尬，那就足矣了。

当你生命中拥有了这样一个闺密，不要轻易放弃，也不要因为恋爱了、结婚了、当妈妈了，就把重心全部转移到家庭。就像卡曼·蕾妮·贝瑞在《女人该有女朋友》一书中写到的那样："无论男人多棒，也无法取代女人的闺密。闺密是女人生活中不可分割的一部分。"

结婚五年并育有一对双胞胎女儿的她，经常带着女儿与闺密"约会"。她比普通的妈妈更累，因为要照顾两个孩子，可她依然有自己的生活圈子。她说："这是我的生活，我不想为了任何人放弃，包括丈夫，包括孩子。不是自私，而是我要留点儿空间给自己。"

说起闺密的意义，她滔滔不绝地说了：

开心。想逛街的时候，男人陪在身边总是闷闷不乐，跟闺密出去，美美地吃一顿，美美地逛街，她会给你提建议，在你试衣服出来的时候给你建议，而从不觉得乏味。

知心。生活、工作遇到麻烦，跟外人去讲，对方未必能懂，而闺密却永远是一个好的疗伤处。彼此间心有灵犀，只要三言两语，便能猜中你的心思，不需要费口舌，更不需要解释。

贴心。不管彼此间用什么方式聚会，一起旅行，一起闲聊，都有说不完的话题，那时会感觉，没有生活的压力，没有工作的烦恼，没有琐碎的家事，只是两个女人，像年轻时那样，窃窃私语。

暖心。女人的心思女人最懂，向男人倒苦水，有时得到的只是冰冷的回答，可闺密那里，得到的却永远是一杯温热的奶茶，一块香浓的慕斯，温暖了整颗心。就算问题没有找到答案，可能够平复自己的心，就已是莫大的安慰。

真心。永远能听到真心话。不管外面的世界充斥着多少虚伪的恭维，在闺密面前听到的总是实话，就算有点刺耳，有点不好听，可那一针见血的建设性意见，总能让你如梦初醒。

耐心。男人的感情总是粗犷的，相比之下，女人却多了一份耐心。对着一个毫无情调男人说心思，还不如跟闺密谈心来得痛快。

身边有个闺密，真的是一件幸福的事。在乎闺密的女人，不管婚否，都有自己的私人空间，都不会过度地依赖男人，因为——我的世界，不只有"你"，还有我和另一个自己。

女人一辈子都要有书相伴

有一篇文章名为《读书使人优美》，这是女作家毕淑敏献给天下女人的箴言。

她说，读书是最简单的美容之法，读书是在聆听高贵的灵魂自言自语。想要美好的女人，就去读书吧！不需要花费太多的钱，只是需要花费很长的时间。可若能够持之以恒，优雅就会像五月的花环，在某一天飘然而至，簇拥女人的颈间。

可能，现在的你已经离开校园很久了，每天为了工作忙碌着，有爱人和家庭需要照顾，可这一切都不能成为剥夺你个人时光的理由。一个女人想要在岁月的冲刷和琐事的打磨下不失光华，就要记得，永远在床头为自己放一本书。

书是一种具有魔法的东西，它会赋予生命光芒，可以开启心灵的枷锁。经常读书的女人，做事的时候会思考，脑海里会萌生更多的灵感与创意，会在遇到难题时不断地想办法；经常读书的女人，会用敏锐的目光看透事情的本质，在一团乱麻中找到头绪，用智慧解决问题；经常读书的女人，她的眼睛更容易发现美的事物，她会变得更加知书达理，善解人意。纵然她的学历不高，家境不优越，可置身于川流不息的人群中，她依然有一份优雅高贵的姿态，那就是人们常说的"腹有诗书气自华"。

L在一家外企做公关，她那精干的外表下，有着一颗丰富的心。翻开手袋，一侧是化妆品，一侧是书。她喜欢读叔本华的哲学书。很多人不解，如此靓丽的时尚女孩，竟然会看枯燥的哲学书，还随身携带，是为了在地铁里作秀吗？看看时尚杂志感觉更适合她们这样的女人。

面对质疑和无聊的揣测，她淡淡一笑，说："时尚杂志我也会看，每期都会买，可那教会我的不过是穿衣打扮，而哲学教会我的是装扮心灵，知道生活到底是什么。"

是的，不去读书的人，不可能有什么鉴别力。读一本好书，更是让灵魂上升一个层次。

诗人歌德说："读一本好书，就是和许多高尚的人谈话。"

罗曼·罗兰说："读有益的书，可以把我们由琐碎杂乱的现实升到一个较为超然的境界，能以旁观者的眼光回顾自己的忙碌沉迷，一切日常引为大事的焦虑、烦忧、气恼、悲愁，以及一切把你牵扯在内的扰攘纷争，这时就都不再那么值得你认真了！"

一本好书，如同一杯醇香的清茶，芳香久远，沁人心脾。品着这样一杯茶，与苏轼那样的文豪一起领略"一蓑烟雨任平生"的洒脱；与陶渊明一起享受"采菊东篱下，悠然见南山"的闲逸；与三毛一起穿越撒哈拉沙漠；在简·爱的世界里，体会那不卑不亢的爱情。

读书，不仅是汲取知识，更是为了提高心性，品味生活。有智慧的女子，不会错过那些富有哲理、思想和深度的好书，这让她们的心灵和生活都变得充实，让她们淡泊世俗与虚荣，让她们平静地在人世间行走。

安宁，她的名字就像她的人，莞尔一笑，安然宁静。认识她的人，无论男人女人，都会为她的气质所打动。那是怎样一个女子啊！从未对任何人说过苛刻的话，从未在人前人后说过谁的不是，从未在心里怨恨嫉妒任何人，从未给情感附加过任何条件，那份宁静和淡然，无关容貌与衣装。

她说，她喜欢三毛。沉浸在三毛与荷西的爱情世界里，就像是亲眼见证了一段美妙的情感，她能够从作者的字字句句里体会到真善美，体会到安宁，体会到对生活的热爱。这些，无时无刻不在影响自己的心。她说，她还喜欢毕淑敏，一个关注生命的作家。尤其是那本震撼心灵的《预约死亡》，让她深刻地领悟到活着的可贵。只是一本书，却教会了她珍惜生命，少给人生留遗憾。

安宁有一张书单，上面写着：渡边淳一的《失乐园》，塞林格的《麦田里的守望者》，米兰·昆德拉的《生命中不能承受之轻》与《缓慢》，西蒙·德·波伏娃的《第二性》，瓦西里耶夫的《这里的黎明静悄悄》……其中，有一部分已经画上了红色的记号，证明她已经读过，还有一些正待读。

更让人震惊的是，她读完每一本书，都会写一些书评和感悟。之后，用A4的纸打印出来，装订在一起。她觉得，这是自己的收获，是自己涤荡心灵的结果。也许，未来的某一天，她依然会翻起那些书，也会有不一样的感受，待到那时，看看自己当年写下的文字，可以亲眼目睹自己的成长。

在书的世界里，她宛若山谷里的百合，吸收着天地间的精华，开出洁白动人的花，散发着沁人心脾的清香。书给了她精神上的翅膀，让她在蔚蓝的天空自由地飞翔；书给了她水一样的性情，透明而不做作，温柔而不软弱。她端庄、高雅、自信、大方的气质，淹没了岁月的痕迹，三十五岁的她，永远像出水芙蓉，剔透的美玉。

女人，无论走到哪儿，遇见谁，无论过着怎样的生活，请让书与你相伴。那是你一生的挚友，一生的导师，一生的滋养品。书之于女人，就如同美国女诗人埃米莉·迪金森写的那首小诗：

他吃喝下宝贵的词语

他的灵魂茁壮成长

他不再知道他曾是穷人

也不知道他的身躯是尘埃

他在昏暗的日子里独舞

而这个翅膀的馈赠

只是一本书——自由

被一个放松的灵魂带来

嫁与不嫁,一样自食其力

经过三年的奋斗,她搬进了一间三十平方米的Q酷房,房子不大,却是她自己的家。

她对他说:"我嫁,或者不嫁你,我就在那里,不悲不喜;你娶,或者不娶我,房子就在那里,不离不弃。"会说出这番话,会有Q酷房,还要从三年前那个下雨的夜说起。

他大她六岁。恋爱时,她刚从学校毕业,他已经工作了几年,事业小有成就。多少女孩羡慕过她,说她幸福,毕业了就有"去处"——他在本市有套房子,不用当漂泊的蚁族。她没有多想,搬进了他的家。

或许,因为她是一个稚嫩而暂无独立能力的女孩,他在她面前偶尔流露出一种优越感,甚至有点居高临下的气势。她从小很任性,他的脾气也不好,两个人在一起之后,经常因为鸡毛蒜皮的小事争吵。一次,在下着雨的晚上,她歇斯底里地冲他嚷嚷,他一气之下,骂了一声"滚"。从未受过如此屈辱的她,什么都没拿,背起包就跑了出去。

她一边跑,一边哭,雨打在她的脸上,与眼泪混在一起。可是,能去哪儿呢?在这个城市里,她无依无靠。她想起父母,哭得更心酸。最后,她走进一家酒店,在那里住下。那一宿,她彻夜未眠。

因为恋爱的关系,她毕了业就过上了有房住、有车坐的日子,而别人说的毕业就失业,在城市里混不下去的日子,她浑然不觉。可是现在,她突然觉得,眼前的一切都太不真实,甚至与自己无关。

白天还在屋子里看电视，给他发短信，听他说"这么热的天，别去找工作了，我能养活你"，晚上却成了无处可去的人。她被幸福冲昏的头脑，在这样一个特殊的时刻，清醒了许多。她终于明白：女人不管嫁与不嫁，都要自食其力，都要有自己的生活。

第二天，她开始四处找房子。像许多刚毕业的女孩一样，她找到一间合租的、便宜的小屋。她到他家，收拾好行李，直接搬了过来。接下来，她开始投简历、找工作、面试。过程很累，很辛苦，可她觉得很踏实。好在，她也是个有能力的女孩。很快，一家公司就录用了她。

她的工作是销售高档咖啡机。刚入行时必然很难，对产品不熟悉，对人心更是揣摩不透。可是，想想那个雨夜发生的事，她就咬着牙坚持下去了。好几次，男友劝她辞职，让她搬回去住，她都没回应。他们之间还像以前那样恋爱着，只是男友的那份傲气似乎少了许多。

从前，她觉得工作是一件可怕的事，想到复杂的人际关系，想到刁钻的客户，想到每天为了工作而四处奔波……可现在，她觉得工作是一件幸福的事。可以随意支配自己的钱；哪怕是租来的房子，也是自己的"家"；可以展示自己的能力，让这些年读的书找到一些用武之地；可以在与人交往的过程中，体会到人间冷暖，世态炎凉。更重要的是，工作可以让自己挺起胸膛做女人，不用靠谁的工资养活自己。

慢慢地，她的工作越来越顺当，提成拿得也越来越多，而她自己也变得开朗自信了许多。有时，跟男友一起吃饭，她也会买单，留下个潇洒的身影。她依然会光顾男友的家，却不在那里留宿。她已经决定，要在这个城市里有自己的一套房子。再小，也是家。

努力换来的是回报。三年之后，她买了一套Q酷房，类似酒店式公寓，客厅与卧室一体，有独立卫生间和厨房，对她而言，这足够了。她省吃俭用，用这三年攒下的钱付了首付，虽然付的是最少的比例，还的年限最多，可她心里很有成就感。

请男友来家里做客时，她很热情，却坚持说不留宿他。比起三年前下雨的那天晚上，现在的她显得自信多了。是的，她没靠任何人，用自己赚的钱，买了自己的小窝。从此以后，不管和谁在一起，都不会再有人对她说"滚"，她也不会再流落街头，无家可归。

他们依然在一起，并决定结婚了。此刻，当她从婚姻的角度打量彼此的关系时，她觉得，这是最好的时候。彼此间有快乐一起分享，在某一方面情绪不好或两人情绪都不好时，各自关起门，冷静处理。对于一个女人而言，不管嫁与不嫁，都要自食其力。

身为现代女性，若没有自己的工作，没有奋斗的目标，就等于没有思想。工作，是女人安身立命、生存于世的基础，也是人生幸福的重要保障。就算在婚姻中，有自己工作的女人，也更容易与丈夫有共同语言，有平等的地位和权利。这份工作，未必要多么体面辉煌，只要尽心尽力去做，就足够。至少，它是一份代表着你自身价值的证明，更是一个让你了解外面的精彩世界的途径。就像一位学者曾经说的那样："工作不仅是谋生的手段，也是享受生活的一种载体。"

英国首相布莱尔夫人接受"网易女人"的采访，在谈及女人幸福的问题时，曾经说过这样一番话："一个女人，你永远不知道生活前方等待你的是什么，永远都要记住一点，能养活自己至关重要。"

据说，布莱尔夫人的观念，很大程度上受到母亲的影响。当时，她的母亲得到一份不错的工作，可她的祖父却在那时候病了，母亲不得已只好放弃工作，回家照顾老人。那个年代，工作机会不多，母亲又没有太多的知识，放弃就等于彻底失去。所以，母亲后来便把希望寄托于布莱尔夫人姐妹身上。这样的变故，让布莱尔夫人领悟了一个生活真谛：女人想要好好地生活在这个世界上，就必须拥有一份可以养活自己的工作。

工作，可以让女人经济独立。不用依靠任何人的支援，也不用受谁的制约，喜欢的衣服自己掏钱买，出去旅行不用担心透支家用。

工作，可以让女人更有内涵。为胜任工作，争取高薪，体现个人价值，要不断地学习、进修，这些事无疑会挖掘出自身的潜能，让女人更加自信。

工作，可以扩大女人的生活圈。与同事、领导、客户接触，结识更多的朋友，营造更宽广的人脉圈，让生活更充实，不会只围着丈夫孩子转。

　　工作，可以让女人减少焦虑。闲来无事的时候总爱瞎想，人也变得狭隘。有了稳定的工作，有了奋斗的目标，对生活的不安全感大大降低，就算某天爱人突然失业，突然离职，也不用担心生活质量会受到影响。

　　女人的幸福，不是靠谁的养活就能拥有的，而是靠自己的努力。干得好的女人嫁给谁，都一样幸福，因为她具备让自己幸福的能力——这个永恒的支点，可以随时撬起自己，撬动幸福。

永远要跟有思想的人做朋友

再谈女人该有自己的朋友这个话题,或许会显得有点老套。现在,几乎每个女人都懂得,在爱情之外给自己保留一个圈子,拥有自己的死党。只是,有多少女人扪心自问过:你结交的朋友是什么样的人?你身处在怎样一个圈子中?对于女人而言,和谁成为朋友,比去结交朋友,更值得深思。

蔷薇离开了她生活了二十几年的武汉,去了一座海滨之城。她说,关于武汉的回忆,全是悲伤。除了失恋,还有欺骗。

第一件事,背后的诽谤。

她的朋友J,二十七岁,爱上了一个90后男生,怀孕了。她为女友出面,希望男生负责,可最后男生害怕承担责任,不敢再露面。她陪女友去了医院,之后,让她住在自己家里。她每天为J煲汤,做菜,照顾她。她的衣服,许多还没来得及穿,J喜欢就送给她了。蔷薇告诫过J,做女人要好自为之,身体是自己,再这么胡闹下去,迟早会出事。这已经是J第三次做这种手术了。

可是有一天,蔷薇却发现,J竟然在背后传了很多关于她的闲话,感情上的、家庭上的种种。在朋友圈里,她感觉自己像是一个没有秘密的人。当初,她因为相信J,才和她在聊天时提起自己的家庭和感情,现在却没想到变成了"以讹传讹"。

第二件事,可怕的网友。

蔷薇在微信上认识了一个网友,同住在一个城市,就约出来吃饭。当时,蔷薇正生着病,网友陪她去医院打点滴。碰巧,蔷薇没带现金，准备刷卡，谁知陌生的网友却帮她垫付了医药费。蔷薇心里已经不敢相信别人了，可她还是选择了相信。她说："你一个人在武汉，每天住旅馆，不太安全。反正我一个人住，不如你就来跟我住吧。"

网友来了，住了一个月。蔷薇要到上海旅行，要网友陪同，她不去。一周后，蔷薇回家了。可是，家空了，值钱的东西都没了。包包，衣服，化妆品，全都不翼而飞，只剩下一瓶洗发水。

蔷薇傻了，她笑自己真傻。这么久了，她一直叫她"阿丽"，连真实姓名都不知道。

第三件事，伤人的学妹。

读书时，蔷薇结识一位学妹。女孩父母离异，家境不好，出于善心，蔷薇一直帮她的忙。好几次，她向蔷薇借钱，蔷薇慷慨解囊。可最后，蔷薇发现，她的钱全用在一个喜好赌博的男人身上。欠下蔷薇的那一万块钱，她根本还不上，却还是不肯离开那个无耻之徒。蔷薇不打算要那些钱了，只是觉得太寒心。

身为女人，有自己的朋友固然没错，可惜的是，如果总是"遇人不淑"，那么朋友带来的就不是益处，而是伤害。蔷薇离开武汉之后，与一位导师聊天，提及那些经历，提及自己不愉快的生活，导师说了一番话："朋友就像一面镜子，选择什么样的人做朋友很关键。一旦选错了，思想上、生活上、行为上都会受到不好的影响。你的不快乐，和那些你交往的人，有直接的关系。"

社会是复杂的，女人在追求自己生活圈子的同时，也需要擦亮眼睛，认清什么样的人才能成为朋友。真正的朋友，是会让你振作起来的人，是会让你感觉暗淡无光的世界顿时灯火通明。女人一生中，要结交那些有思想、有品位、有学识的人做朋友，唯有和她们在一起，你才能汲取到她们身上的优点，丰富自己的内心。一个有品位的女人，她的身边一定有着和她品位相同、甚至更胜于她的人，唯有这样，她才会向美好的东西靠拢。

M毕业之后，只身去了深圳打拼。依靠同学的帮忙，她提早就定好的住处，之后便开始了艰难的就业生涯。因为文凭和专业的限制，她想在这个大城市里立足，确实不太容易。

她不停地发着自己的简历，眼看着手里的钱就快花完了，终于有公司肯录用她了。她进入一家咨询公司上班，虽然压力有点大，工作量也不小，可是在这个陌生的城市里，有了一份能谋生的差事，还能认识一些新朋友，她觉得也挺好。

可是，在咨询公司待了两个月之后，M就发现了"问题"。公司招聘新人的时候，根本没有学历限制，只要口才不错、反应机敏或是有相关经验，都能加入。多数同事，学历也只是中专或高中。因为做电话业务，偶尔会遇到厉害一点的客户，很多同事就在电话里跟对方吵起来，嘴里还带着一些侮辱性的词语。

在这样的环境里待久了，M竟然也耳濡目染地学会了那些不好的习惯，冲着电话大吵大嚷，偶尔爆两句粗口。一次，她跟同学聚餐，无意间冒出了一些不好的口头语，同学大为吃惊，还有人带着质疑地口气问："M，你现在怎么变成这样了？以前，你可是从来不说脏话的啊！"

M听了之后，自己也觉得很羞愧。原来那个安静、有修养的自己，怎么会变成这样？她想起，都是因为在公司里看的、听的多了，才会如此。同学劝她换一份工作，不是那里的人不好，而是那样的氛围会降低人的品位和修养。

带着不舍，M辞职了。后来，她到一家文化公司做宣传。安定的工作，学历相当的同事，每天接触的也是一些有文化修养的人，慢慢地，她又找回了那个得体的自己，并在公司里增长了见识和学识。

不过，这份工作她也只做了一年，就离开了。因为，她发现公司里的同事，大多都是抱着得过且过的心态，偷奸耍滑，总是跟这样的人一起共事，她担心自己有一天也会变得不思进取，贪图"安逸"而丧失激情。

第三份工作，她依然是选择在文化公司做事。在试用期里，她细心留意这里的员工，发现多数同事学识都很高，每个人身上都散发着正面的能量。她觉得，和这样的人在一起工作、交朋友，才有可能从内至外地提升自己。

女人确实需要工作,需要朋友,可生活像是染缸,形形色色的人都有,近朱者赤近墨者黑。总是处于不好的环境中,心灵和思想也会受到消极观念的影响,随波逐流。相反,与那些品行良好的人成为朋友,你也会变得更加出色。做一个睿智的女子吧!不为谁放弃自己的朋友圈,但也要时刻提醒自己,在交友的问题上对自己负责。

有梦想，每个女人都了不起

她跟他恋爱时，周围人都唏嘘不已。走在校园里，她的倩影不知迷住了多少人的目光。不只是因为她的美丽，还因为她的才华。每次在校园文艺演出时，她的小提琴演奏都会成为众人期盼的节目。不仅如此，因为母亲是驻英大使馆的秘书，她还精通英语，并熟悉西班牙语。这样一个多才多艺的美丽女人，简直就是男人追捧、女人羡慕的焦点。可她，却跟一个看似平庸的小子走在了一起。

她爱得很坚决。毕业两年后，他们结婚了。丈夫进了一家外企，她则到电视台做编导。不过，她对眼下的工作并不是很满意，她想做的是播音主持。很快，她等到了一个机会，台里下发通知，要选拔地方晚间新闻的主持人。得知这个消息，她激动了半天。

可就在她充满期待时，问题又来了。丈夫在工作上表现不凡，被派到广州总部做主管。两个选择摆在眼前，要么为了丈夫同去广州，要么为了自己的梦想坚守"阵地"。

丈夫劝她跟自己一起去广州，他说广州是个国际化大都市，发展机会多，她还这么年轻，又这么有能力，肯定能找到更合适、更有前途的工作。

她那么爱他，何尝不想每天见到他？于是，她听了丈夫的话，递交了辞职信。同事和领导让她谨慎考虑，可想到两地分居的苦，她还是毅然决然地辞职了。

广州的生活，她并不是很适应。除了丈夫，她只有几个不算很熟悉的朋友在那里。她觉得自己很没有归属感，就像是进入了一个封闭的世界。广州招聘电视台编导的工作机会,根本没有当初丈夫说得那么多,一些大的文化公司也因为当时的经济情况在裁员,工作一点儿都不好找。无奈之下,她只好先在家里做全职太太。

时间久了,她也习惯了懒散的日子,原来的斗志渐渐被磨没了。长时间没有工作,她也有点害怕工作的劳累和辛苦了,害怕职场里复杂的人际关系。闲散和安逸打败了她的梦想,把她变成了丈夫的"保姆"。她心里并不太喜欢这样的感觉,可又不知道该怎样改变才好。丈夫的事业平步青云,间接地给她造成了很大的心理落差,虽然丈夫没责怪自己什么,可她总是觉得,丈夫现在对自己的看法,和以前不太一样了。

至于那个做女主播的梦想,从来广州的那天开始,就已经被她丢弃了。

一个女人的价值在哪儿?是拥有一份美好的爱情,还是为了家庭不停地付出?不,都不是。女人的价值,体现在她对于自身梦想的追求上。女人的梦想,会随着时间的推移和阅历的增加而改变。年轻的女孩有诸多的梦想,憧憬着各种童话般的美好;成熟的女人,看待事情往往更现实。正因为此,她们追寻梦想的激情也就减退了,把自己置身于工作和家庭中,忽略了自己该朝着哪个方向走。

然而,女人要明白一点:你不是谁的附属品,你不该为了家庭和爱人牺牲、放弃自己的梦想,轻易地向生活妥协。因为,丢了梦想的女人,就像是失去光芒的钻石。如果说世界的美丽是十分,若少了梦想的点缀,就只剩下三分。

曾有人说,女人可以没有美好的生活,却不能没有美好的梦想。就算梦想没有实现,可追求梦想的过程也丰富了岁月。梦想是女人成长的持久动力,好好爱自己,润色一下自己曾经的梦想,别让生活的琐碎打破那个美丽的你,美丽的梦。有梦想,人生处处都是舞台。

三十三岁的Smile,曾经有过一段短暂的婚姻,但她从未觉得离过婚的女人就掉价。她有一份少女的情怀,时而有点小伤感,还有点小敏感。这些年身边的很多东西都改变了,她也改变了对很多事物的看法,可唯一没变的,就是她的梦想。许多和她年纪相仿的女人,早已经为人妻母,她们在慢慢地向生活妥协,忘了自己,满心全是家和孩子。

Smile 是她的网名,可是人如其名。她的梦想既简单又艰难——每天保持好心情,把日子过得精彩。很庆幸,她做到了。

她的身边从不缺乏优秀的单身男士,但她不会把生活的全部都押给爱情。她觉得,女人不该在爱情中扮演牺牲者的角色,除了自己爱的男人,生活还有很多东西值得去追求、去发现、去享受。所以,在异性眼里,Smile 是一个非常会生活的女人。

她喜欢四处旅行,看不一样的风景,感受不一样的风情。她在日记里写道:"生活中,每个人的终点都一样,我在乎的是沿途经历了哪些风景,学到了哪些东西。"她从不会说等自己有钱了再去哪儿,也不会说没有时间,更不会说找个谁来陪。想去的地方,想做的事,自己帮自己实现。她说,第一次远行时有点恐惧,可真的迈开那一步了,会发现并不难。许多女人的梦想搁浅了,完全是被自己的内心吓倒了,怕遇到困难,怕遇到突然情况,怕自己解决不了。其实,恐惧都是自己想象出来的,有梦想就行动,要相信,一切问题都能迎刃而解。

尽管现在,Smile 依然是一个人,可是有梦想相随的日子,她从不孤独。

在人生的旅途中,要携带许多的东西,或许一不留神就忘了,或许走着走着就丢了。可有一件东西,女人始终要把它放在重要的位置,好好守护,那就是梦想。一个拥有梦想的女人,从不屈尊于生活,从不为任何人止步,她会给梦想插上一对翅膀,任由它带着自己穿越荒野、穿越海洋。纵然是平凡的女子,在梦想的照耀下,也会散发出动人的光芒。

不断学习，不断为自己加油

T是一位女性心理咨询师，长期以来一直关注着女人的身心健康问题。

一个下雨的日子，有个三十出头的女人走进T的办公室，讲起了自己的故事。

二十三岁那年，她与老公相识相恋并结婚。一切，似乎来得太快了，可惜爱情本就不是时间能够衡量的。之后，夫妻两人白手起家，共同奋斗，打拼出了一番事业。日子相较从前是好过了，她也安心地做起了全职太太。可这时，七年之痒找上门来，丈夫有了外遇。

自己苦苦撑起来的家，眼看着就要被别人毁了，她心里焦急不安。可是，长达两年的家庭主妇的生活，已经让她失去了对事业和梦想的憧憬，除了这个家，她实在不知道还能去哪儿，能干什么。

在讲述遭遇的过程中，她还对T说了一个细节："二十几岁的时候，我和他去看电影，我们不经意间牵了手，结果幸福了整整一个冬天。三十岁的时候，我和他在旋转餐厅里用餐，在缓缓的转动中，我觉得心里有一股莫名的空虚，突然间对一切都失去了兴趣，即使是难得跟忙碌的他一起用餐。"接着，她眼圈红，说感觉自己真的变老了，也找不回原来的自己了。

夫妻之间，为对方付出是爱，是义务，可在付出的同时，也不要忘记自己的成长。作为三十岁的女人，就算不是一本情节跌宕起伏的故事书，可至少不能像一张白纸，让人觉得索然无味。你可以让自己凸显出精致和丰富的内涵，而这些东西，都需要不断地学习、充实和成长。

　　Miss符离过一次婚，再婚后嫁给了一位香港的商人。阔太太的生活让她衣食无忧，每天跟朋友打打牌、逛逛街，日子过得很是惬意。可是，就像所有的电视剧、小说里描述的那样，丈夫在外面找了情人，并在对方的怂恿下，执意与她离婚。Miss符愤怒、伤心、痛哭，根本无法接受。

　　一直以来，Miss符都想去美国。为了顺利离婚，丈夫提出，可以把Miss符送到美国，再给她一笔钱。朋友圈的人都知道，Miss符的老公对她很好，现在出了这样的事，她也觉得很丢脸，实在没办法再在人前从容自若。无奈之下，她只好同意去美国。

　　刚到美国的那几个月，她痛苦极了，每天郁郁寡欢。在那里，一个亲人朋友也没有，她无处倾诉，唯一的发泄方式就是哭。哭的时间长了，她的视力也受到了影响。痛定思痛之后，她慢慢地恢复了理智，接受了现实，也强迫自己改变眼前的一切。她到一家中国餐馆打工，晚上拼命学英语。

　　去美国之前，她根本就没看过英文书，只知道最简单的几句问候语和有数的几个单词。对于一个三十几岁、没有英文基础的女人来说，学英语实在太难了。可她没有退路，只有克服了语言障碍，她才可能在美国生存下去。所幸，她挺过去了，现在的她在美国生活得很好。

　　只是，提及那段日子，她依然感慨万千："过去在广州和香港的时候，我觉得自己很幸福。可现在回头看看，当时的我就像是一只画眉鸟，每天被关在笼子里，别人给点食物，没有自由，也没有什么可做的事，根本算不上幸福。后来，每天忙着学英语，学开车，虽然很累，可是心里不空虚，每天都有成就感。慢慢地，我找到了自己的存在感，也实现了自己的价值。女人，真得不断地学习，不断完善自己，因为你不知道什么时候，你就得必须要靠自己过下去。"

　　有些女人是因为家庭而停下了学习的脚步，还有些女人是因为年龄。她们总把"老"字挂在嘴上，以年龄的增加、身体的状况、精力的不足等理由，纵容自己放弃学习。不得不说，真的很可惜。其实，人生真正的衰退并不是白发与皱纹，而是心灵的老化，是丧失了学习与进取的激情。

对女人而言，在生命的每段岁月里，学习都是充盈内心的最佳途径之一，它能让你体会到思想逐渐变得深厚的喜悦，让你看到生命的成长和潜能。当然，学习的含义并非是接受正规的教育课程，学习的场地也不仅限于校园，它是心灵所需的自发运动，贯穿生命的全程。

曾经，一家有名的报纸用整个版面刊登了对欧蕾太太的专访。白天，她在一家百货公司打工，是一名普通的售货员；晚上，她的身份又变成了学生，和很多年轻人一起走进夜校。欧蕾太太用四年的时间，完成了高中教育的全部课程，之后又开始攻读大学课程。此时的她，已经整整六十岁了。

欧蕾太太都这么大岁数了，为什么不好好享受晚年，还要这么折腾？她是这样说的："世界变化太快了，有很长一段时间，我觉得自己心力不足，追赶不上它的脚步。那时候，我慌乱、焦急、烦躁不安，不知道该怎么办。那感觉，就好像被世界抛弃了，心里非常失落。后来我知道，是我对生活失去了信心，对自己失去了信心。身处一个浮躁的大环境，没有一颗强大的内心，肯定无法安心地活着。于是，我开始像年轻人一样，坚持每天学习，为心灵充电加油。慢慢地，我看到了自己的进步，而我也在进步中体会到了充实的滋味，逐渐找回了对生活的信心。"

年轻时的她，因为家庭的关系，也因为自己的无知，错过了学习的好机会。而现在，她最大的理想就是坚持学习，把自己的学历提升到高中，之后是大学，最后成为一名律师。现在，她的理想已经完成了一半。按照她的进度推算，大学课程可能要花费五年或者更长的时间。不过，欧蕾太太很有耐心，也很享受学习的过程。她从不认为这样的学习枯燥漫长，每次考过一门课程，她会觉得距离理想又靠近了一步，心中的快乐也多了一分。她说："现在的我，感觉年轻了不少。"

托马斯曾说过:"任何大学教育或教育培训制度教给我们的只是如何帮助自己,而我们自己则必须学会如何教育自己。"在时刻变化的时代里,女人要感受到自身的价值,不是马不停蹄地加快生活的脚步,而是要不断地拓宽眼界,从周围汲取知识的养料,滋养躁动的心,让它更强大、更容易发现快乐,感受快乐。

给自己的爱好留一片天空

女人喜欢把婚姻称为爱情的坟墓。为了爱情，为了生活，她们总在牺牲自己。在外像男人一样奋斗着，在内承揽了所有的家务，尽全力扮演好在家里的每个角色。然而，有一天，丈夫事业有成了，孩子长大了，女人在松一口气的同时，又忍不住叹气。自己把最好的年华都给了家庭，把最多的精力都给了家人，成全了爱的人，却委屈了自己。想起，从前的种种喜好，天真烂漫的情怀，都已成了泡影。

生活中不是只有爱情，也不是把所有家务做好，把孩子照顾好，就真的幸福了。问问自己：当初他是为何爱上你？而你曾经吸引他的东西还在吗？你的兴趣爱好，还剩下多少？

一次争吵中，他说她乏味，说她市井，满脑子全是鸡毛蒜皮的小事。

这样的话，深深刺痛了她的心。只是七八年的光景，怎么一切都变得那么陌生？当年，她是多么浪漫的一个人，喜欢读书，喜欢旅行，喜欢交友，喜欢茶艺。当然，她还是个爱情至上的人。大学毕业后，她原本打算考研究生，可是男友一再恳求她结婚，她就毫不犹豫地嫁了。

很快，丈夫要去读博士，而她又有了孩子，只得在家里做全职主妇。丈夫越来越忙，为了不让他分心，她把一切都扛在自己身上，心甘情愿。两个人之间所处的环境差异逐渐拉大，可以沟通的东西越来越少。她有点委屈：为什么自己做了这么多，他却视而不见呢？

直到那天，他们为了买书柜的事吵起来，丈夫竟然说了那番伤人的话。她实在接受不了。可是，想想自己的现状，才三十多岁，过的日子却跟五十多岁退休的人没什么区别。难道为了家庭，女人必须得这样吗？就不能有自己的爱好，自己的一片天了吗？

几日后，她给家里找了保姆，让公婆帮忙带孩子，自己开始"重操旧业"，去茶舍上班了。她喜欢闻茶叶的清香味，也喜欢茶舍这样安静清闲的地方。工作中，她结识了许多有品位的朋友，这让她觉得世界好像变大了。几年后，她已经成了这间茶舍的经理，偶尔闲暇的时候，她也会在店里、在家里品茶。她给丈夫介绍茶艺的时候，丈夫的眼神里有欣赏、有尊敬，而她更是从骨子里散发出一种自信。是的，女人该给自己留一份兴趣爱好，让自己在喜欢的天空下飞翔。

没有哪个女人是真正乏味的，她们都有各自的兴趣爱好，只是在生活的压力下，她们悄悄地把那份爱好收藏起来了。其实，真的不必如此。无论是恋爱阶段还是婚后，两个人在一起都应该是让彼此更加独立、更加快乐，而不是谁为谁放弃自我。有人说，在一起的两个人就像是两个交叉的圆，交叉的那部分就是彼此可以分享的领域，未交叉的部分是个人成长的空间，让彼此保留原来的个性和空间，如此才会有长久的吸引力。

更重要的是，当女人保持一份自己的爱好，有自己的精神领地时，她会生活得更快乐，也会愈发的自信。就算是人过中年，可那份心灵上的富足所折射出的美，也是闪亮耀人的。

二十年前，H和S都是漂亮的女人，两个情如姐妹的女子从人群中走过，惹来的是众人的频频回顾。二十年后，她们都已步入中年，不同的是，H的身上早已没有了当年的那份美丽，而S身上却散发出一种中年女人别样的成熟韵味。

让两个美丽女人之间拉开距离的，不是无情的岁月，而是她们自己。

漂亮的女人，永远是男人追捧的焦点。H的丈夫当年的一番热烈追求，让她迷失了方向，只因他说"我会对你好一辈子"，她就彻底放弃了所有，安心在家里做个小女人。起初，她沉浸在爱情的喜悦中，收拾房间，洗衣服，把小家打理得干干净净，每天做好饭，等着男人回家。这样的日子，一两年下来都相安无事，可到了第五年的时候，一切都变了。

H没有出去工作过，对外面的世界不了解，而家里的负担全靠丈夫承担，这时候他们已经有了两个孩子。丈夫有点力不从心，也有点厌倦。每次到朋友家做客时，他也会让H打扮得很漂亮，可外在的包装永远掩盖不了内心的空乏，H也感觉到自己已经落伍了。他们讲的事情，有一部分她根本没听过，也不了解。丈夫跟朋友提及的那些烦恼，她也是第一次听说，问起丈夫为什么不跟自己说说，丈夫说："说了你也帮不上忙。"

H没有一技之长，也没有什么特别的喜好，平淡的日子渐渐磨去了她的美丽，她变得爱唠叨，有事没事就跟街坊四邻闲聊，说的全是张家长李家短的琐事。

S读完高中后，因为父母身体不好，放弃了继续读书的机会。身为大姐的她，进了毛巾厂工作，担负起养家的重任。工作之余，她有个爱好，就是打毛衣。她是个爱美的女人，经常给自己打各种各样的围巾、披肩和毛衣。有一次，她围着一款别致的披肩出门，路上遇到一位很有品味的太太，非要买她的披肩。她承诺，可以帮她织一条。从这件事开始，她突然萌生了要开一间精品毛衣店的想法。后来，S辞掉了工厂的工作，专心做自己喜欢的事。

几年之后，她的店就做起来了，生意很红火。其实，S的丈夫在机关单位做科长，家庭条件也不错，他一直劝S别太辛苦。S自己并不觉得辛苦，她觉得女人有一份爱好，能做自己喜欢的事，是挺幸福的。况且，自己在开店的过程中，接触了很多人，也跟不少顾客成了朋友，这种充实的生活让她找到了自己的价值。

如今，已经四十多岁的S，走在街上仍然是一副很有气质的样子。她的店也跟她的人一样，与时俱进，只要顾客拿来喜欢的毛衣款式，哪怕是网上看到的款式，只要有图片，她就给顾客定做。店里的毛线种类齐全，总能给顾客提供最舒适、最满意的衣装。她自己也喜欢设计一些新款式，做出一两件来穿在身上，这比做广告更直接、也更实在。

　　二十年来，她始终没有放弃自己的爱好。这份精神食粮，让她的心灵找到了港湾，也为生命创造了一大笔财富，就像是一次性存入银行，源源不断地产生"快乐利息"。

　　女人要为自己保留一份爱好。有爱好，就有了一片开满鲜花的园林，每次在此散步的时候，心灵都可以感受到弥漫于空气里的花香；有爱好，就有了一个终生陪伴你的朋友，不管岁月如何流转，独处的时候你都不会感到寂寞和孤单；有爱好，就有了一个督促自己进步的对手，让你充满了征服的欲望，渴望着下一次的较量会成为自己最得意的杰作。

热爱艺术，做生活中的舞者

女作家严歌苓的作品《娘要嫁人》中，塑造了几位热爱生活、热爱艺术的浪漫女人。

齐之芳，一个面容姣好、生活讲究、热爱唱歌的寡妇，故事的主人公。丈夫王燕达原在消防大队工作，在一次救援事故中不幸牺牲，留下她和三个孩子。生活不易，对她而言更是艰难，可她依然像从前那样，穿戴整洁，梳着一条美丽的辫子，在电报局里带领别人唱歌。她是一个热爱艺术、崇尚爱情的女人，她的歌声打动了许多人，感染了许多人。

都说艺术能够陶冶人的情操，其实爱艺术的女人，内心都是纯粹的。齐之芳面对不同的追求者，始终坚守着自己的爱情底线，遵从自己的初衷，只选对的，而不是轻易地出卖自己的幸福。与剧中那些肤浅的邻居妇女相比，她并没有变成一个世俗的，为物质和其他放弃爱情理想的女人。

齐母，一个充满智慧的老太太。她宽容大度，端庄大气，永远不急不躁，笑脸盈盈，对生活、对婚姻有着乐观的精神，也有着自己独特的见解。看着女儿悲惨的命运，她安慰着说："没有一个人的心不是千疮百孔的。"在面对市井儿媳小魏的大吵大闹时，无论自己多不喜欢、多看不惯，她依然保持一份淡定，在房间里用老式的留声机放一张碟，轻哼着音乐。到最后，老伴儿去世了，她干脆随身带着广播，沉浸在音乐的世界里躲清静。艺术，给了她一份如水的心境，也给了她一份最端庄、最淡然的气质。

崔淑爱，一个爱音乐、爱弹琴的女人。先是无端地被卷入一场误会中，让人以为她是王燕达的情人。事实证明，他们不过是同样热爱音乐的朋友。后来，她那优雅、文静、知书达理的性情，深深打动了齐之芳的哥哥。严歌苓用崔淑爱的存在，与那气死父母、侮辱妹妹的市井的媳妇小魏形成了鲜明的对比。艺术带给她的，是不温不火，是通达善意，而不懂艺术、从未被艺术熏陶过的女人，在岁月的冲刷和渲染下，会变得庸俗而肤浅。就像剧中的末尾，齐之芳的女儿说："或许，舅妈（小魏）原不是那样的人，是岁月把她变成了那样。"

岁月对每个女人都是公平的，可是女人在岁月中用什么样的方式去生活，抱着一颗怎样的心去生活，是完全可以选择的。那些热爱艺术的女人，生命里总会闪烁着动人的光华，那是精神上的支撑与引导。

看看那些谈吐不俗的优雅女人，她们往往都热爱着艺术，并让艺术成为自己生命的一部分。她们不会用大把的时间来看冗长的偶像剧，也不会一心只沉浸在柴米油盐的算计中，更不会在人前背后搬弄是非，传播什么八卦新闻，却在该说话的时候说出有见地的想法。她们可能会去听一场音乐会，看一看画展，学一门技艺，和这样的女人聊天，感觉是一种享受，她们所说的话，总显得很有格调，给人以启发。她们对音乐、绘画、文学都有自己的看法。

生活对女人而言，或许是显得有点累，因为要顾及的人、顾虑的事太多。可正因为此，女人更需要热爱艺术。这就如同，在冬日的寒风里送自己一件暖暖的外衣，在夏季的雨天给自己撑一把伞，用艺术来帮助自己抵抗岁月的侵袭，让自己在忙碌与辛苦中不失格调。

四十岁的茹姐，看起来虽不如二十岁的女孩那样楚楚动人，可与二十岁的女孩站在一起，她的气场却能震慑住那些青春妙龄的女孩。她喜欢画画，这个爱好从十几岁时就开始了。因为家庭条件一般，当年母亲还曾因为这件事指责过她，说："你要买颜料，买画板，花了不少钱。你若真喜欢，就等有钱了再去画，日子还过不过了？"

她没有回应母亲的话。许多和母亲一样生长在特殊的年代、经历过贫苦和饥荒的人，看自己的所作所为，就是一个不会过日子的女人。不仅如此，还有许多不理解她的同龄人，说她是"装样"。

她从不怀疑艺术的重要和必要，她知道，金钱和艺术是两回事。许多人有钱，可未必懂得创造和品位高雅的生活。她爱艺术，更不是为了做给谁看，不是为了附庸风雅，拿出来作秀。她喜欢用画笔把自己看到的、感受到的东西画下来，这是一份对生活的感知与热爱，是心灵上的东西。

从少女时代到结婚，再到步入中年，她始终热爱着艺术。她说："生活的变动太大，什么都可能背叛，可唯独艺术不会。就算全世界的人都背过身去，可绘画还是我最可靠的朋友。它是有生命的，它源自生活里的点点滴滴。每一件作品，都是我用心、用生命刻画的，都注入了我的灵魂。我喜欢用这样的方式表达自己的感情和思想。在绘画的世界里，我学会了独立。"

与茹姐有着相同感受的，还有独爱舞蹈的Linda。许多见过Linda的人，都会被她的气质感染，那曼妙的身材，优雅的步伐，微微扬起的头，挺拔的姿态，任谁看了都觉得美。接触她的人都说，她看上去至多三十岁，实际上，她已经三十九岁了。现在，她总是陪着女儿去学舞蹈，自己也练习，不为成为多么优秀的舞者，只为陶冶情操，丰富气韵。当然，跳舞给她带来的还不只这些，在多年的舞蹈生涯里，她还学会了审美，活出了一份不朽的青春。

女人，不仅要做舞台上的舞者，更要做生活中的舞者。坎坷与不平难以避免，可不管遇到什么，艺术都能够给女人带来一份舒心的安慰。热爱艺术并把艺术融入生命的女人，会感受到艺术带来的情怀与安抚。也正因为此，被艺术熏染的女人才不会陷入容貌的囹圄。艺术带给女人的，远比想象的要多。

Chapter 8

跳出别人的视线,
幸福的定义只关乎自己

生活如人饮水，终究是自己的一种感受。你若喜欢，就努力追寻；你若开心，就别管他人的目光。始终记得，你是活给自己看的。不必为了生活讨好谁，不必为了羡慕而成为谁，你就是你，独一无二，做最真实而珍贵的自己，就是最美的女人。

始终记得,你是活给自己看的

日本京碧寺的山门上有一块匾额,上面赫然写着四个字:第一义谛。这手迹是二百多年前洪川大师留下的,看起来简单的四个字,却是洪川大师反复写了八十五遍之后的杰作。

洪川大师向来注重完美,做事一丝不苟,弟子们也承传了他的作风。据说,洪川大师在写这四个字时,一位遂心求全的弟子恰好在旁边观摩。大师每写一幅字,他都摇摇头说不完美,不是撇写得短了,就是捺写得长了。无奈,大师只得不停地改。

眨眼间,半天的工夫过去了。洪川大师耐着性子一连写了八十四幅字,可没有一幅得到弟子的认可。后来,弟子去了厕所,洪川大师才算松了一口气,他想:终于不用再被那双挑剔的眼睛盯着了。在心无所羁的心境下,他自由地挥就了第八十五幅"第一义谛"。

弟子回来后,看到师父的字迹,大赞这幅字是精品。

洪川大师写不好字,是因为没有跟随自己的意愿走,心有旁骛,被别人牵引着。活在他人的目光里,心情无法平静,潜能发挥不出,这才是症结所在。退一步说,就连大师级的人物都难免被别人牵绊,更何况芸芸众生中的普通人呢?

见过太多心思敏感的女人,别人无意间的一句话,无意间的一个眼神,无意间的一个动作,都会让她的心荡起涟漪,久久不能平静。更有心思过重的女人,别人稍有不满的言辞,就让她在心里结了疙瘩,怎么也解不开,非要找个什么途径,证实自己不是别人所想的那样,才会觉得舒服一点。

其实，大可不必这样。你的价值，不能由他人来评定和证实，不管在什么环境下，你坚信自己是对的、好的，那就行了。因为，无论别人怎样说你，你依然还得做自己，不是吗？生活是自己的，你有权利选择怎样的生活方式。按照自己喜欢的、舒适的方式生活，超脱心灵的枷锁，才是幸福的意义。

一位《华尔街日报》中文网的女主编，没房，没车，没爱情。她对同事说，像她这样的女人，若是生活在家乡，简直太失败了。我没有房子、没有车、没有老公、也没有孩子，这么大的年纪了，似乎一无所有。可实际上呢？我觉得自己过得挺好的，所以我也不在意他们怎么说，怎么看。

不少人羡慕她的洒脱，问及如何才能做到不受别人评价的左右，她说出了自己的五条原则：

第一条，把自己的思想言行和自我价值区分开。别人的评价，只不过是他们对事情的看法，并不是真理，也不是不可改变的。认为对的就听，认为不对就一笑而过。对于那些企图支配自己的人，要坚持"你的意见跟我没关系"，不按照他人的感情确定自己的价值，也不去跟他们解释，或者作出反驳，有些事不说还好，越解释越纠缠不清，不必浪费时间。

第二条，不奢望别人理解自己。自己的许多做法，别人可能无法理解，但这没什么大不了，也不需要他们一定理解。人的思想、修养、经历都不一样，不可能对别人的言行都能感同身受，如果每件事都要得到他人的理解之后再去做，那么人生的很多时光就已经错过了。更何况，就连我们自己也对很多人和事想不明白，可人家依然按照自己的方式活着。记住一句话，人不需要理解一切，也不可能理解一切。

第三条，不用过多征求别人的看法，相信自己的判断。许多事发生在你身上，而不是发生在别人身上，他们的看法不过是以他们的阅历和认知来判断的，根本不了解你的实际情况。或许，当他们置身于这些事里的时候，他们的做法是合适的；可放在你身上，就可能刚好相反。这就跟穿衣服是同样的道理。不同的身高、体重、气质,自然要选择而不同的衣服,要是穿上不适合自己的服装,就可能惹来嘲笑。如此,你会变得更加不相信自己。

第四条,不要怕被人批评。想要从别人的目光中逃离,就要做好批评甚至挨骂的准备。当你不理睬他人的评价时,对方可能会说你自以为是,狂妄自大,目中无人。不必生气,也不必难过,这是很正常的事。世界上,那些与众不同的人往往会遭受非议,而你不采纳对方的意见,不理睬他的评价,本身就显示你的与众不同。

第五条,不要害怕被孤立。女人往往是害怕被孤立的,这意味着没有人理解支持,会感到无助。不过,真理有时就是站在少数人一边的,若因为认可自己行为的人少,就轻易地放弃,或者否定了自己,实在很可惜,也很不明智。不管你是少数还是多数,你认为对的,就该坚持,也值得坚持。

这五条原则,让她顺利地处理过许多复杂的情绪。起初是用这些话来提醒自己,慢慢地,就成了一种思维习惯和行事作风。她说,女人在自己的世界里,就该自己做主。其实,换个更简单的说法,想想自己是怎么评价别人的,自己心里的疙瘩也就容易解开了。

白岩松说:"行走在人群中,我们总是感觉有无数穿心掠肺的目光,有很多飞短流长的冷言,最终乱了心神,渐渐被缚于自己编织的一团乱麻中。其实你是活给自己看的,没有多少人能够把你留在心上。"亦舒在《忽而今夏》中说:"何必向不值得的人证明什么,活得更好乃是为你自己。"

是啊!何必在意他人的目光,你是活给自己看的;何须向不值得人证明什么,活得更好乃是为你自己。

229

不要为了生活而去讨好任何人

《被嫌弃的松子的一生》是日本作家山田宗树的一部小说，后被改编成电影。故事中的女主角松子，简直成了告诫和提醒女人要自尊自爱的典型。

故事里有这样一个情节：松子的妹妹因为常年卧病在床，父亲对她照顾有加，几乎把所有的心思都放在了那个生病的小女孩身上。松子不理解，她也希望能够得到父亲的爱。一次偶然的机会，她做了一个搞怪又搞笑的鬼脸，逗得父亲笑了。她试了几次，很有效。自那以后，她便把做鬼脸当成了自己的招牌动作，遇到可怕或难堪的事情时，就会做这样的动作。

长大以后，她依然刻意讨好着周围的人，在爱情里更是卑微。就算被男友大骂，每天提心吊胆地过日子，也不肯离开，还在奉献着自己的爱。影片中说，她所给予的是"上帝之爱"，她所有的努力讨好，不过是不想一个人生活。可最后呢？没有人同情她，珍惜她。她在孤独与可怜中死去。

真希望，每个女人都能从松子的人生悲剧里领悟到一些东西。也许，我们都不会有和松子一样的遭遇，可那种刻意讨好、用卑微的姿态博取他人好感的事情，在生活的细微角落里却总能找得到。也许，你希望对方可以成为你的知己，所以迁就着他的每种情绪；也许，你希冀着他人能赞美自己，违心地做着自己不喜欢的事，收敛着自己的真性情。可是结果，就跟松子一样，并不能让每个人都对你感到满意。

从小到大，受父母和环境的影响，她一直生活在纠结里。她已经记不清了，到底从什么时候开始，自己竟然不知何谓快乐，每天只是为了讨好别人活着。只要别人能满意、能开心，她就会倾尽心力去做，哪怕是她讨厌的事。

结婚后，她依然是这样。为了孩子和丈夫，她不停地忙活，除了顺从就是受气，每天提心吊胆，生怕说错话、做错事，活得小心翼翼。老公若是开心，她的心就会长舒一口气；老公若是绷着脸，她就不敢大声言语。她像是一只木偶，麻木地活着。丈夫总是疏远她，孩子也不愿意和她多讲话。这样的日子，让她倍感压抑，自己付出了那么多，到底是为了谁？

绝望的时候，她在网上给一位心理医生留言说，她想死，了却这一生。

心理医生收到消息后，马上打电话给她，说要跟她见面谈谈。

她没有拒绝。或许，她并不是真的想结束生命，她只是压抑了太久，希望有人理解。

在心理医生的开导下，她说出自己的成长经历。她的父亲是个保守又严厉的人，不允许她出去玩，也不允许其他伙伴到家里找她，母亲每天小心翼翼地陪伴着，稍不留意就会招来打骂。她已经记不清楚自己挨过多少次打骂，只记得很多次她都在睡梦中被父亲的打骂声惊醒。父亲的坏脾气，让她慢慢地学会了顺从别人，隐藏自己。

在别人面前，她很少讲话，只是尽力去做事。在学校里，唯有学习能给她一点安慰。老师和同学都喜欢她，可很少有人知道，她为了让别人高兴，无数次地委屈了自己，明明做着不喜欢的事，却还要装出开心的样子。

大学毕业后，她依照父母的意思，相亲结婚。之后，就过起平淡的日子。起初，丈夫对她呵护有加，可如今却疏远了自己。看到丈夫和孩子与自己不亲近，而别人一家三口其乐融融，她实在无法面对，活得越来越痛苦。

她说起，为了讨好别人做出过怎样的努力，为得到别人认可怎样委屈自己，多么担心别人不喜欢自己，多么害怕遭到抛弃。

心理医生告诉她，正是这种心情和做法，让她在生活里受尽了折磨。她不懂什么是爱，也不知道怎么去爱，只是在用努力讨好别人，博得好感。做这些事的时候，她已经失去了自己。为了遮掩自己的内心，刻意压制着各种情绪，外在的自己和内在的自己不停地争斗，在自伤的同时也被亲人疏远。

多么悲哀的女人！为了讨好别人，承受着不必要的委屈和伤痛。

女人要跳出别人的视线，跳出别人的世界，当别人疏远自己的时候，认真考虑：究竟是自己的问题，还是他人的问题？有错的话就不要找借口逃避，没错的话就抬头挺胸做自己。你若只顾得讨好别人，连自己都没有了，你还如何有能力去照顾别人？

做事之前，想想是心甘情愿的，还是被迫勉强的？想想现在做了，日后会不会后悔？如果是真心想去做，那么自然会做得很好，彼此都快乐；如果自己并非出自真心，能够付出的也有限，那就不要强迫自己。就算有人说你不好，也不必太介意。

讨好别人，是一件没有意义的事。就算你再怎么努力，也不能方方面面都让别人满意。与其如此，不如讨好自己。讨好自己，并不是教女人自私，而是学会"保护自己"。流言蜚语任它去，在心里设置一道隔音的墙，不让它扰乱自己的心智；烦躁压抑时，给自己找一个发泄的途径，买件礼物，享受美食，无不可以；受挫的时候，允许自己哭，允许自己闹，然后再好好安慰自己。做女人，这一辈子都要冷暖自知，唯有爱自己，讨好自己，才能培养出开朗自信的心境，坦然面对所有，不为外界的纷扰而痛哭流涕。

尊重本性，活出真实珍贵的自己

克里希那穆提说过："你看，一朵百合或是一朵玫瑰，它是从来不假装的，它的美就在于它就是它本来的样子。"只可惜，世间许多女子没有读懂这句话。

她们喜欢把眼光投向外界，追逐自己所想象的那些美好的事物，而忽略自己的本性。有时，她们还会被外界的东西牵绊，不得不伪装自己，改变自己，直到最后迷失自己。殊不知，人生最美好的礼物，就是活出真实的自己。

也许你会问，怎样才算是活出了真实的自己？

高兴了你就笑，难过了你就哭，按照自己的方式生活，不企图变成任何人，接纳不完美的自我。这就是活得真实。超级名模萨沙没有出道时，有人问她："你最想成为谁？谁是你的偶像？"萨沙十分笃定地说："我没有偶像，至少现在没有。我了解我自己，我就做我自己。"这也是活得真实。

R是在单亲家庭里长大的，性格内向又特别敏感。她遗传了母亲的肥胖体型，一张婴儿肥的脸让她看起来更是比实际还胖。母亲个性传统，总觉着没必要花太多钱在穿衣打扮上，她一直对R说："衣服够穿就行了，没必要一直买，也没必要挑剔。"她总是按照这句话给R准备衣服，多半都是男孩子才穿的款式。所以，R从小到大很少跟其他孩子一起到室外玩，也很少跟女友出去逛街。她内心害羞，也有点自卑，觉得自己跟其他人不一样，不讨人喜欢。

二十八岁那年，她经人介绍，嫁给了一个大她几岁的男人。婚后的生活，并未让她有所改变。丈夫一家人都很好，每个人都自信乐观。R试着融入他们的生活，可她做不到。家人为了让R变得开朗一点，积极地做每件事，可结果不尽如人意，只会让R变得更加紧张和退缩。有一段时间，她甚至不愿意走出卧室。R害怕丈夫发现自己是个失败者，每次跟家人外出的时候，都伪装得很开心，结果常常做得很过分。那段日子，R心里痛苦极了，失去了生活的勇气，不知道该如何跟身边的人相处。

后来，有一件事改变了R。那天，婆婆跟R聊天，谈及自己如何教养孩子，她说："不管事情怎么样，我总会要求他们，保持自己的本色。"保持本色，这四个字直戳R的心。

她终于明白了，这些年为什么自己生活得那么累，就是因为她一直试着让自己进入一个并不适合自己的模式。快三十岁了，她一直活在别人的圈子里，没有找到自我。

后来，R变了。她依照自己的个性生活，按照自己的喜好选择喜欢的东西。不喜欢说话，就参加一些安静的活动，瑜伽、舞蹈；喜好亮色的衣服，就买来取悦自己。周围的人都说她变了，而她也是第一次感觉如此轻松，如此喜悦。

女人早就该懂得一个道理：幸福的人生，就是要保持本色地生活，尊重自己的原本。有缺点不要紧，但别刻意为了改变而改变。当然，要活出一份真实，就要从内心深处重视自己，清晰地看清楚自己的价值，珍爱与众不同的自己。

女孩从小生长在孤儿院里，内心很自卑，看到别的孩子叫着爸爸妈妈，她更觉得自己没有可爱之处，不然的话，父母为何要将她丢弃在医院的走廊里？她难过地问院长："像我这样没人要的孩子，是不是走到哪儿都不会有人喜欢？"院长看着她那双清澈的眼睛，没有回答她的问题，而是说："过几天你就明白了。"

几天以后，院长送给女孩一块石头，对她说："今天，我带你去集市上，你来卖这块石头。可是你要记住，不是真卖，不管别人给多少钱，你都不要卖。"女孩点点头，心里却很困惑："一块石头，会有人要吗？"

女孩蹲在市场的角落里。不多时，有几个人上前询问，想要买她的那块石头，给出的价钱也越来越高。女孩很高兴，冲着不远处的院长笑笑。

第二天，院长要女孩拿着石头到黄金市场去叫卖。结果，真的有人愿意出比昨天高出十倍的价格买下这块石头。

第三天，院长要女孩拿着石头到宝石市场去卖。神奇的是，石头的价格又涨了十倍，因为女孩不肯卖，买石头的人竟然认为它是稀世珍宝。

女孩问院长："为什么他们愿意花钱买这块石头？"

院长说："生命的价值就跟这块石头一样，在不同的环境里就有不同的意义。一块普通的石头，因为你的珍惜，不肯随意抛售，就提升了它的价值，被人说成稀世珍宝。你和这块石头一样，只要你看重自己，不肯轻易否定自己的价值，那么别人也会像对待珍宝一样对待你。要记得，看重自己，你是独一无二的、最珍贵的。"女孩记住了院长的话，从此对自己非常珍惜。

其实，这个道理适用于每个女人。把自己视为不起眼的石头，还是把自己视为珍贵的宝石，就是自爱与不爱的差别。一位老人的笔记本上有这么一句话："不必在意别人是不是喜欢你，是不是公平地对待你，更不要奢望人人都会善待你。"做真实的自己，关爱自己，不是狭隘的自私，而是一种自我实现的价值感，是真心实意地认定自己有价值，努力活出自己的风采。

爱默生说过："你总有一天会明白，嫉妒是毫无意义的，而模仿他人更是无异于自杀。不论好坏，每个人都必须保持自己的本色。虽然广袤的宇宙中全是美好的东西，但除非他努力耕耘那一块属于自己的土地，否则他绝不会有好的收成。"但愿，这番话可以被每个女人深记在心里。

不属于你的东西，不值得你哭泣

"我对你永难忘，我对你情意真，直到海枯石烂，难忘的初恋情人……"多年前，邓丽君的《难忘的初恋情人》红遍了大街小巷，唱出了无数人对初恋的怀念。

一位美丽的女子，才华横溢，端庄典雅。不管何时遇见她，都是那么落落大方。追求她的人很多，可她都不为所动。三十二岁的年纪了，仍然只身一人。母亲说，女人迟早是要嫁的。她只是笑笑，不回应。这一笑，包含着千万种的情思。

有人说，每一个不想恋爱的女人，心里都住着一个不可能的人。是的，她过不了心理的那一关。

读大学的时候，她曾经结识过一个男孩，那是她的初恋——暗恋。对方和她一样，都是英语系的高才生，也是学生会的干部。他们有着同样的兴趣爱好，学习工作经常接触，相处得很融洽。矜持的她还没来得及表白，他却在一年暑假结束后告别了单身。毕业之后，那女孩和他一起离开了A市。从此，他们相隔两地，再没见过面。

此后，她也遇到过许多优秀的男人，只是她在心里，忍不住拿他们与他相比。越比越失望。时间过得很快，一转眼就到了三十的年纪，周围的男男女女纷纷结婚了，她却依然无法鼓起勇气和谁去培养一段感情。她总在想："如果当初早一点告诉他，也许现在就会不一样。"

她依然与他保持着联系。得知他要结婚的消息，她不停地听着阿黛尔的《Someone like you》。她想过，去适应一些新的人，可是每每单独相处一次，就不想再见面。如今，她只能等待那个像他的人出现，可是能否等得到，永远是个未知数。

或许，溜掉的鱼儿总是最美的，错过的电影总是最好看的，得不到的恋人总是最难忘的。很多人在为她的痴情所感动的同时，也不禁在想：究竟那个得不到的人，有没有那么好？值不值得用一生的幸福去怀念？

西方心理学家契可尼通过试验给出这样的答案：一般对已完成的、已有结果的事情极易忘怀，而对中断了的、未完成的、未达目标的事情却总是记忆犹新。这种现象就叫做"契可尼效应"。

很多人的初恋都没能开花结果，成为上面所说的"未能完成的"、"中断了的"的事情，结果深深地印在了人们的脑海，终生难以忘却。因为没有真实地体会到那种得到的感受，就把没有得到的东西完美化，无限地扩大他们的美好。事实上，他们的很多"好"，都是我们人为想象出来的，因为没有得到，想象的空间是无限的，可以预计无数种可能，所以他们才必然是美好的。

越是得不到，越是想得到，这是人普遍都存在的心理。似乎，所有的美好都在"山那边"，身在近处，想念远处；身在此岸，向往彼岸。然而，那些千方百计想要得到，甚至费尽心力终于得到的，真有那么好吗？

动物园里，饲养员喂猴子时，不把食物放在它们够得着的地方，而是放进树洞里。猴子们想尽办法去"够"树洞里的食物，最后学会了用树枝把食物从树洞里弄出来。饲养员说，那些其实并不是什么好东西。

人又何尝不是如此？常常忽视身边的东西，唯有那些和自己有点距离的，需要踮起脚尖才能够到的，甚至望尘莫及的，才让我们心动不已。殊不知，得到的也未必就那么好，摆在自己眼前的也未必就那么不堪。若只顾看着远方遥不可及的海市蜃楼，就会白白错过近在咫尺的良辰美景。

与那位痴情女相比，N活得似乎更惬意。

她说："错过的人和事，不属于我的人和事，望尘莫及的人和事，我从不会为之哭泣，或感到可惜。就拿恋爱这件事说，我始终相信：你爱的、你想的、你牵挂的，最终都会输给那个对你好的。生活是现实的，错过了就是错过了，不属于自己的就不要强求，也用不着一直盯着那个人，时刻关注他的喜怒哀乐，他过着什么样的生活，和什么样的人在一起。因为，是好是坏，都与自己没关系。"

不仅是对爱情，她有一份洒脱，对人生中的很多事，她都如此。

曾经，她和一位闺密打算去法国留学，当时以她的成绩来说，是完全没问题的。可就在她备考的时候，家里却突然出了意外，母亲因为炒股赔了一大笔钱，父亲又因病而住院，后续治疗还要花费不少钱。她的巴黎梦不得不被搁浅。

后来，闺密去了法国，发来在那边的照片，看着自己曾经无数次憧憬过的地方，看着那所她也想去的大学，看着闺密实现了自己想要实现的心愿，她的心依然坦荡。她说："也许，注定我现在无法去完成这个梦，可是没关系。我不会一直盯着别人的生活，我为闺密高兴，可不会为自己感到悲伤。老一辈的人常说：别人碗里的饭总是香的。话语粗糙，可道理不假。眼前，我既然无法得到，那就没必要折磨自己。我只看我拥有的，父亲的身体恢复得很好，这就让我觉得很幸福了。"

生命是有限的，为了得不到的人和事浪费精力，放弃幸福，实在太可惜。认命而不宿命，其实也是一种智慧。如果此刻的你，还在纠结和郁闷中，那你该看看爱你的家人和朋友，数数自己已经拥有的东西，想想自己此刻还能做点什么力所能及的事。这样的话，幸福会变得更容易。

不争不抢，安心过自己的日子

《牛津格言》中说道："如果我们仅仅想获得幸福，那很容易实现。但我们希望比别人更幸福，就会感到很难实现，因为我们对于别人的幸福的想象总是超过实际情形。"此话送给生活中那些热衷于攀比却又受困于攀比的女人，再合适不过了。

生活中，那些不幸福的女人中，多数都是陷入了攀比的沼泽。与人比漂亮、比穿着、比首饰，与人比家庭、比丈夫、比孩子。若是自己的一切都比别人强，她的心理马上就平衡了；可若是有某些地方不如人，她马上就会生出抱怨。不得不说，这实在是一种无知，一种愚昧。

看过一则颇为夸张又可笑的故事，说的是一个被人称之为"攀比小姐"的女人，在人生最为关键的三件事上攀比，最终迷失了自我，毁灭了自我。

二十四岁那年，"攀比小姐"经过媒人牵线，认识一位不错的小伙子。两个人交往了很长时间，结果却分道扬镳了。理由是，一个嫁不出去的尖刻女人，知道她喜欢攀比，就对她说："你看你，长得这么漂亮，若要结了婚，就要被家庭琐事牵着鼻子走，要照顾丈夫、照顾孩子，哪儿有自由可言。你看我，一个人生活多自在，这种潇洒，是结了婚的女人没法比的。"她听过之后，很快就找到自己的男友，说："咱们分手吧，我不想失去自由。"于是，这段恋情就结束了。知道她有这样的想法，以后也再没有人给她介绍对象。

五十岁那年，"攀比小姐"看到邻家的女人翻新老房子，起了一幢漂亮的洋楼。她心里很不舒服,心想:你们能盖,我也能,明天我就拆了房子重新盖。第二天,"攀比小姐"真的去找施工队把房子拆了,打算起一栋楼房。可惜,施工队的工头要价很高,"攀比小姐"一个人没有那么多的积蓄,施工队长又不肯降价。"攀比小姐"大骂世风日下,把施工队的人赶走了。这样一来,旧房子拆了,新房子暂时又盖不起来,"攀比小姐"只能住到矮小的配房里。

七十岁那年,好政策出现了,村里死去的老人可以拿到一笔丧葬费。对于不富裕的人家说,丧葬费也能缓解一部分经济压力。一天,"攀比小姐"和几位老太太在街上聊天,其中一位老太太对她说:"我肯定会比你先死,享受一下好政策,给儿孙们留点丧葬费。"她一听,心里很不舒服,钱谁不想要啊?她满脑子想着钱,到商店买了一包老鼠药,回家后给那老太太写了一句话:"怎么样?我比你先拿到钱了吧?"写完,就吞服了老鼠药。爱攀比的她完全忘了,死了就万事皆空了。

故事虽然荒谬,可它却实实在在用讥讽的形式反衬出了攀比的愚昧可笑。虽说世上少不了比较,从某种意义上说,比较也是一种动力。女人若要在社会与生活中确定自己的位置,不断地超越自我,得需要一个参照物。然而,这种参照该是一种目标,而不是看到谁好就跟风,看到谁差就知足。更何况,生活的差别无处不在,每个人的生命都被上苍划了一道缺口。

你看那冬日里的腊梅,温暖春日百花盛放的时候,它从不去争艳;炎炎夏日莲花散发幽香的时候,它从不去斗芬芳;瑟瑟秋日黄色雏菊笑靥如花的时候,它从不去懊恼;冬雪皑皑百花沉睡的时候,它才傲然自若地开放。凌寒独自开,不争不抢,用平和的姿态傲立雪中,可那顽强的生命力,骄傲的姿态,是它独特的美。

女人也该有腊梅的气质,坚信自己的美好,安心地过自己的生活。面对她人的富贵荣华,只需云淡风轻地欣赏,无需为了争抢之事而折磨自己。幸福有许多种姿态,你若不是牡丹,就不必追求娇艳;你若不是蔷薇,就不必象征爱的誓言;你若只是小草,就展现顽强的生命;你若是一棵树,就散发出独立的气息。不与人相争,日子或许平淡，可也更安心，更幸福。

　　当年，夏丏尊去拜访弘一大师。当时，弘一大师正在吃午饭。午餐很简单，一碗白米饭，一碟咸萝卜干。夏丏尊看着这样的饭菜，想到大师出家前的锦衣玉食，心里不免有点酸楚。

　　他问大师："这菜不咸吗？"弘一大师说："咸有咸的味道。"

　　米饭吃完后，弘一大师向碗里倒了些白开水，刷了刷碗底的几粒米，一同喝下。大师出家前，饭后都有香茗一盏，今日的情景和往日一比，夏丏尊更觉得心酸。

　　他问大师："这么淡喝得下吗？"弘一大师说："淡有淡的味道。"

　　咸有咸的味道，淡有淡的味道，生活不也如此吗？人生短短几十年的光景，把时间和精力浪费在与人攀比上，实在可惜。蔷薇有蔷薇的娇美，莲花有莲花的清幽，小草有小草的青翠，平静地看待这些事，用一颗安然自得的心，享受自己的人生。

　　不羡慕别人的奢华，不奢望没有的东西，不争、不躁、不悲、不怨，懂得咸淡各有味，无疑是一种幸福的活法。在人生的竞技场上，用不着跟谁去比较，你就是主角。你要经常提醒自己：我能拥有的就是最好的，因为这是我能得到的。

别再嫉妒了，春色不只在别人家

在外人看来，Y真是一个优秀的女人。公司里那些烫手的"山芋"，别人都扔得远远的，怕给自己找麻烦，可她却能不动声色地把它做得很漂亮。老板总是嘉奖她，可她看起来似乎也没有多高兴，表情总是淡淡的。唯独一样，谁若在她面前说身边的哪个女同事漂亮能干，她会露出不屑一顾的神情，让人摸不着头脑。

Y坚守着一个人生信条：如果不是最好的，那就等同没有价值。对于自己拥有的东西，她总是抱着一副"鸡肋"的态度。当租房客的时候，她嫉妒那些有房的女人，总觉着像自己这样优秀、能干的女人，必须名下有套房才说得过去。于是，她所有的心力都放在购房上，不断打拼，不断升职，不断加薪，终于在郊区城铁旁有了一套房子。不过，这种满足感没有持续多久，因为上班距离远，偶尔还要打车，她深感交通不便。看到公司的一位女同事说，自家要在市区换一套大房子，她心里又开始不平衡了。

她买衣服讲求质量、品位，也非常注重搭配。可看见嫁给有钱老公的表姐，从国外买回了奢侈品，她心里有种说不出的难受，就好像自己顿时矮人一截，脸上无光。她觉得，那些东西仿佛是她应该享有的，而非他人。

Y爱看韩剧，迷恋故事里帅气有钱的男主角，迷恋浪漫的爱情故事。若只是随便羡慕一下也罢，可她往往分不清幻想和现实，越是迷恋那些虚幻的东西，越是感觉眼下拥有的一切都没有价值。她谈过几次恋爱，最后都以失败告终。

某前男友说，跟她在一起压力太大了，那种压力并非是她要求自己达到什么样的目标，而是不管自己怎么做，都无法吸引她关注你的存在，都无法让她觉得满足和快乐。不能让自己喜欢的女人开心，在一起时让她一肚子不满，这对于任何一个男人来说，都是致命的打击。

论物质生活，论事业家庭，Y比很多人都幸运，可她却比很多人都不快乐。她享受不到优秀给自己带来的成就感，因为她总盯着那些超过自己的人，害怕别人得到自己无法得到的名誉和地位；她自己做不到的事情，也希望别人不要做成，因为她不想看到别人比自己强。

有时，她也很烦自己，为什么会有这么强的嫉妒心？可事到眼前时，又忍不住那样想。这些事，她只能偷偷地藏在心里，不敢对任何人讲，因为对亲戚、朋友，她也会如此。她害怕别人说自己内心不美好，因为她本性真的不坏，只是无法摆脱嫉妒的纠缠。

斯宾诺莎曾经说过一句话："在嫉妒心重的人看来，没有比他人的不幸更能令他快乐，也没有比他人的幸福更能令他不安。"当看到别人比自己强时，心里就酸溜溜的，产生一种包含着憎恶与羡慕、愤怒与怨恨、猜疑与失望、屈辱与虚荣，以及伤心与悲痛的复杂情感，这种情感就是嫉妒。

其实，每个女人或多或少都会有那么一点嫉妒心，不管承认与否，它都是客观存在的，这是人类的一种心理本能。不一样的是，有人喜欢表现出来，有人藏在心里，有人把嫉妒化为动力，有人把嫉妒变成毒刺。

曾经，有一位女性心灵作家，在某次见面会中问在场的女性一个问题：如果你身边的女友漂亮能干，事业有成，婚姻美满，你会有什么样的感受？多数女人说，会为女友感到高兴，自己也能沾沾光。女作家听着这些回答，优雅地笑了。她没多说什么，只是讲了一段自己经历的故事。

她说："临近毕业时，寝室里的一个女孩交了有钱的男友，每天在我们面前炫耀。原本，大家关系都不错，可看到她把寝室当成了时装秀的舞台，不停地换着名牌衣服、鞋子，我和其他几个室友心里都不太舒服。毕业舞会前夕,那女孩的男友送了她一件漂亮的礼服,她便又有了炫耀的'资本'。就在举办舞会前的那个中午,我一个人在宿舍,不知道怎么的,看着那件礼服就生气,竟然拿起口红和指甲油,在上面涂鸦。我以为,室友看到我疯狂的举动,会骂我是疯子。可我没想到,当那个女孩拿着衣服哭着跑出去的时候,其他的姐妹竟然在对视之后,哄然大笑。"

场下的女观众都笑了,可笑过之后又感慨:如此优雅的女作家,竟然也有过嫉妒别人的时候,这完全跟她现在判若两人。现在的她,与世无争,安然自若,说话也是不温不火。有女性朋友问她,是怎么成为现在的样子?女作家是这样回答的:

"嫉妒就像美丽的罂粟花,一旦植入人的心灵,醉人的花香就会让人暂时舒畅愉悦,可时间长了,花香中的剧毒就会让人陷入迷茫,像藤蔓一样慢慢侵占心灵,让人变得肮脏、污秽、邪恶,失去快乐、失去良知。嫉妒不可怕,怕的是你不敢正视它、克服它、化嫉妒为动力。

"无意间的一次,我看到自己的朋友在电视台做访问,她写了一本小说,这让喜欢写字的我,嫉妒得无法控制。我相信,她能做到的,我也能做到。我在自己喜欢的领域里探索,研究心理学方面的知识,后又去修习。从净化自己的心开始,我学会了如何排遣负面的情绪,疏导极端的心理,并把自己所感所悟、所见所闻都用在了写作上,力求帮助更多的女人走出心理牢笼。渐渐地,就成就了现在的我。"

或许,女人该从女作家的经历里,得到一些启示。嫉妒是长在心里的毒刺,你若任由它生长,那么未来的日子里,你的心总会隐隐作痛。与其如此,不如拔掉它,用你的优势去修补它,种下可以发芽的种子,慢慢长成一株独特的花。别怀疑,你可以做到,做一个从容优雅、不嫉妒、拥有幸福的女人。

幸福如人饮水，冷暖自知

林语堂先生说："不管在什么情况下，幸福都是一种秘密。"

可惜，世间有太多女子不理解这件事，总把目光停留在别人身上，而后哀叹自己的不幸。就像英国广播公司推出的系列剧《保住面子》里的女主角巴凯特一样，身在中产家庭的她，总是看着邻居的生活。每次看见邻居有了收获，获得了财富，提高了地位，心里就很难过，觉得自己很不幸福。

事实上，她真的有那么不幸吗？当然不是。老邻居搬走后，一户新邻居搬了过来。新邻居家的情况不那么好，家人被疾病缠身，还总是破财。看到如此悲惨的情景，巴凯特又感谢上帝，说她是个幸福的人了。

从始至终，她的境遇没有丝毫的改变，唯一改变的是她周围换了人，而随之而来的，是她的内心感受。其实，幸福本来就无关状态，只关心态。总是羡慕别人，自己的幸福和快乐就没了。更何况，很多时候，我们眼里所看到的，也未必就是真相。

一位年轻的女艺人，三十几岁就成了国际知名的歌星，并嫁得如意郎君，日子看起来是风生水起。她在邻国开个唱时，门票早就被一抢而空。演出结束后，她与丈夫、儿子一同从剧场走出，众歌迷簇拥了上去，七嘴八舌地跟她攀谈。有人说，羡慕她能进入歌剧院，羡慕她嫁给有钱人，羡慕她有这么可爱的孩子。

听到这些言论时，她什么都没说。等待大家说得差不多了，她才讲道："谢谢大家对我的支持和对我家人的赞美，但这只是我生活中的一个方面。还有另一方面,你们并不知道。你们看到的这个可爱的孩子,他是一个不会说话的哑巴;他还有个姐姐,有精神分裂,关在有铁窗的房间里。"所有人都听傻了,简直不敢相信。她又接着说:"所以,你们根本用不着羡慕我,上天给谁的都不会太多。"

曾有人说,上天把幸福放在了每一个人的背上,所以,人们的眼里总能看到别人的幸福,而自己的幸福却忘了去感受。海鸟有海鸟的天空,鱼儿有鱼儿的海洋,别人有别人的不凡,你有你的精彩。卞之琳的诗中写道:"你站在桥上看风景,看风景的人在楼上看你。明月装饰了你的窗子,你装饰了别人的梦。"

与L一同长大的发小,嫁了一个世人眼里的"好男人"。对方家庭条件很好,待她也不错。结婚后,她不再是原来那番小家碧玉的模样,俨然成了一个韵味十足的"阔太",出门开着几十万的车,购物刷卡眼皮都不眨一下,每次跟L出去,她都大方地请她喝下午茶。

L的学历比"阔太"高,模样不比她差,工作能力也比她强,家庭条件甚至比她还好。可丈夫家境一般,工作也一般,人也很一般,俩人只能买得起一辆七八万的车,买房的钱都是银行的,每个月发了工资都要先到银行还款,剩下来的钱再算计着怎么花,无时无刻不在想着做点什么其他的生意,能够多赚点钱,让生活好起来。

所以,每次与"阔太"见面之后,L心里都很不舒服。对方是她多年的朋友,要说嫉恨对方也谈不上,只是她觉得"阔太"比自己幸福,一个女人过上了那样的生活,衣食无忧,才算有清福。有时候,上班太累了,她也会跟丈夫念叨。

"阔太"的日子真那么好过吗?或许,那也只是L所看到的,"阔太"心里也有难说的苦。

丈夫家境优越,可家庭关系却不好。一直以来,公婆都看不起她,觉得门不当户不对。不仅如此,他们也看不起她的父母。她心里很羡慕L,公婆拿她当女儿一样看待,婆婆春夏秋冬任劳任怨地伺候他们一家三口的吃喝,每次都等她进了家门再炒菜,生怕她吃不上热乎的。偶尔,还会让她请父母过来小坐,两家人相处得很融洽。

再说婚姻,更是一言难尽。她和丈夫感情挺好,只是婚后一直没有孩子。医生说，丈夫有"问题"，这辈子不可能有孩子。她心里难过，可又无法向谁倾诉。每次和L出去喝茶，听她唠叨孩子的事，她嘴上说换作自己可受不了，心里其实却是在强忍悲伤。在她眼里，能有一个自己的孩子在身边吵闹，纵然辛苦，也是幸福。女人这辈子若没有一个自己的孩子，如何谈得上完整？可这些痛，只能自己默默承受。丈夫因为这件事深感歉疚，可"阔太"与他毕竟有感情，只得谅解和包容。

　　这个世界太浮躁，许多人的心都被欲望蒙蔽了。"阔太"的丈夫算是安分守己的人，可依然有很多双眼睛盯上他。很多时候，她也烦恼，却又阻止不了它的出现。想起L和她的丈夫，每个月虽然紧巴巴地还着贷款，可他们至少有共同的奋斗目标，他们的生活也在一点点地变化，两个人开始都上班打工，现在却已经在筹划开一家夫妻店了。生活的压力和艰辛，让他们两个人靠得更紧，一辈子有这样一份感情，足矣。

　　所以，别去艳羡他人的生活，即使那个人看起来快乐富足；永远不要去评议他人不幸福，即使那个人看起来孤独无助。幸福如人饮水，冷暖自知。生活就像多棱镜，每个人的角度不同，看到的风景也不一样。幸福有时在你眼前，有时在你视线之外的那一面。